"十三五"国家重点图书出版规划项目

上海市文教结合"高校服务国家重大战略出版工程"资助项目

上海电力大学能源与机械工程学院资助项目

能源与环境出版工程（第二期）

总主编 翁史烈

飞灰净化烟气汞技术

Flue Gas Mercury Purification Technology with Fly Ash

吴江 何平 陈乃超 李芳芹 李庆伟 著

上海交通大学出版社
SHANGHAI JIAO TONG UNIVERSITY PRESS

内容提要

　　本书系"能源与环境出版工程"(第二期)之一,对飞灰净化烟气汞的原理和方法进行了系统论述,全面介绍了飞灰净化烟气汞的最新研究成果。本书从分形理论、量子化学以及热力学和动力学的角度,对飞灰和改性飞灰的理化特性、净化汞的性能和机理等进行了系统阐释,并将汞吸附的基础理论与飞灰材料研究和技术开发有机融合,为推动汞污染治理研究提供了新的方向。通过阅读本书,读者可以全面地了解飞灰净化烟气汞的方法及其工业应用。

图书在版编目(CIP)数据

飞灰净化烟气汞技术/ 吴江等著. —上海:上海
交通大学出版社,2020
能源与环境出版工程
ISBN 978－7－313－23766－8

Ⅰ.①飞…　Ⅱ.①吴…　Ⅲ.①煤烟污染－汞污染－污
染控制－研究　Ⅳ.①X511.06

中国版本图书馆 CIP 数据核字(2020)第 173760 号

飞灰净化烟气汞技术

FEIHUI JINGHUA YANQI GONG JISHU

著　　者:吴　江　何　平　陈乃超　李芳芹　李庆伟
出版发行:上海交通大学出版社　　　　　地　　址:上海市番禺路 951 号
邮政编码:200030　　　　　　　　　　　　电　　话:021－64071208
印　　制:苏州市越洋印刷有限公司　　　　经　　销:全国新华书店
开　　本:710 mm×1000 mm　1/16　　　　印　　张:12.75
字　　数:238 千字
版　　次:2020 年 12 月第 1 版　　　　　　印　　次:2020 年 12 月第 1 次印刷
书　　号:ISBN 978－7－313－23766－8
定　　价:98.00 元

能源与环境出版工程
丛书学术指导委员会

能源与环境出版工程
丛书编委会

总主编

翁史烈(上海交通大学原校长、教授,中国工程院院士)

执行总主编

黄　震(上海交通大学副校长、教授,中国工程院院士)

编　委(以姓氏笔画为序)

马重芳(北京工业大学环境与能源工程学院院长、教授)

马紫峰(上海交通大学电化学与能源技术研究所教授)

王如竹(上海交通大学制冷与低温工程研究所所长、教授)

王辅臣(华东理工大学资源与环境工程学院教授)

何雅玲(西安交通大学教授、中国科学院院士)

沈文忠(上海交通大学凝聚态物理研究所副所长、教授)

张希良(清华大学能源环境经济研究所所长、教授)

骆仲泱(浙江大学能源工程学系系主任、教授)

贾金平(上海交通大学环境科学与工程学院教授)

顾　璠(东南大学能源与环境学院教授)

徐明厚(华中科技大学煤燃烧国家重点实验室主任、教授)

盛宏至(中国科学院力学研究所研究员)

章俊良(上海交通大学燃料电池研究所所长、教授)

程　旭(上海交通大学核科学与工程学院院长、教授)

总　　序

　　能源是经济社会发展的基础,同时也是影响经济社会发展的主要因素。为了满足经济社会发展的需要,进入 21 世纪以来,短短十余年间(2002—2017 年),全世界一次能源总消费从 96 亿吨油当量增加到 135 亿吨油当量,能源资源供需矛盾和生态环境恶化问题日益突显,世界能源版图也发生了重大变化。

　　在此期间,改革开放政策的实施极大地解放了我国的社会生产力,我国国内生产总值从 10 万亿元人民币猛增到 82 万亿元人民币,一跃成为仅次于美国的世界第二大经济体,经济社会发展取得了举世瞩目的成绩!

　　为了支持经济社会的高速发展,我国能源生产和消费也有惊人的进步和变化,此期间全世界一次能源的消费增量 38.3 亿吨油当量中竟有 51.3% 发生在中国! 经济发展面临着能源供应和环境保护的双重巨大压力。

　　目前,为了人类社会的可持续发展,世界能源发展已进入新一轮战略调整期,发达国家和新兴国家纷纷制定能源发展战略。战略重点在于:提高化石能源开采和利用率,大力开发可再生能源,最大限度地减少有害物质和温室气体排放,从而实现能源生产和消费的高效、低碳、清洁发展。对高速发展中的我国而言,能源问题的求解直接关系到现代化建设进程,能源已成为中国可持续发展的关键! 因此,我们更有必要以加快转变能源发展方式为主线,以增强自主创新能力为着力点,深化能源体制改革、完善能源市场、加强能源科技的研发,努力建设绿色、低碳、高效、安全的能源大系统。

　　在国家重视和政策激励之下,我国能源领域的新概念、新技术、新成果不断涌现;上海交通大学出版社出版的江泽民学长著作《中国能源问题研究》(2008 年)更是从战略的高度为我国指出了能源可持续的健康发展之路。为了"对接国家能源可持续发展战略,构建适应世界能源科学技术发展趋势的能源科研交流平台",我们策划、组织编写了这套"能源与环境出版工程"丛书,其目的在于:

一是系统总结几十年来机械动力中能源利用和环境保护的新技术和新成果;

二是引进、翻译一些关于"能源与环境"研究领域前沿的书籍,为我国能源与环境领域的技术攻关提供智力参考;

三是优化能源与环境专业教材,为高水平技术人员的培养提供一套系统、全面的教科书或教学参考书,满足人才培养对教材的迫切需求;

四是构建一个适应世界能源科学技术发展趋势的能源科研交流平台。

该学术丛书以能源和环境的关系为主线,重点围绕机械过程中的能源转换和利用过程以及这些过程中产生的环境污染治理问题,主要涵盖能源与动力、生物质能、燃料电池、太阳能、风能、智能电网、能源材料、能源经济、大气污染与气候变化等专业方向,汇集能源与环境领域的关键性技术和成果,注重理论与实践的结合,注重经典性与前瞻性的结合。图书分为译著、专著、教材和工具书等几个模块,其内容包括能源与环境领域内专家们最先进的理论方法和技术成果,也包括能源与环境工程一线的理论和实践。如忻建华、钟芳源等主编的《燃气轮机设计基础》是经典性与前瞻性相统一的工程力作;黄震等撰写的《机动车可吸入颗粒物排放与城市大气污染》和王如竹等撰写的《绿色建筑能源系统》是依托国家重大科研项目的新成果和新技术。

为确保这套"能源与环境"丛书具有高品质和重大的社会价值,出版社邀请了杜祥琬院士、黄震教授、王如竹教授等专家,组建了学术指导委员会和编委会,并召开了多次编撰研讨会,商谈丛书框架,精选书目,落实作者。

该学术丛书在策划之初,就受到了国际科技出版集团施普林格(Springer)和国际学术出版集团约翰·威立(John Wiley & Sons)的关注,与我们签订了合作出版框架协议。经过严格的同行评审,截至2018年初,丛书中已有9本输出至施普林格,1本输出至约翰·威立。这些著作的成功输出体现了图书较高的学术水平和良好的品质。

"能源与环境出版工程"从2013年底开始陆续出版,并受到业界广泛关注,取得了良好的社会效益。从 2014 年起,丛书已连续 5 年入选了上海市文教结合"高校服务国家重大战略出版工程"项目。还有些图书获得国家级项目支持,如《现代燃气轮机装置》、《除湿剂超声波再生技术》(英文版)、《痕量金属的环境行为》(英文版)等。另外,在图书获奖方面,也取得了一定成绩,如《机动车可吸入颗粒物排放与城市大气污染》获"第四届中国大学出版社优秀学术专著二等奖";《除湿剂超声波再生技术》(英文版)获中国出版协会颁发的"2014 年度输出版优秀图书奖"。2016 年初,"能源与环境出版工程"(第二期)入选了"十三五"国家重点图书出版规划项目。

希望这套书的出版能够有益于能源与环境领域里人才的培养,有益于能源与环境领域的技术创新,为我国能源与环境的科研成果提供一个展示的平台,引领国内外前沿学术交流和创新并推动平台的国际化发展!

翁史烈

2018 年 9 月

前　　言

为了满足经济社会发展需要而进行的化石能源转化过程,对生态环境和人类健康带来了危害,其中燃煤烟气污染物排放问题尤为突出。汞、砷、硒、铅等重金属的高毒性日益引起人们的重视,汞及其化合物可通过呼吸道、皮肤或消化道等不同途径侵入人体,造成神经异常、齿龈炎、震颤等中毒表现甚至死亡。控制汞等重金属的排放是大气污染治理的重要课题之一。同时,燃煤烟气排放也是造成汞等重金属污染的主要人为来源,因此,燃煤烟气重金属排放的治理对我国汞等重金属污染治理和生态环境保护具有重要意义。

向烟道中喷射活性炭粉末,是烟气脱汞最为成熟的技术之一,但成本较高。飞灰作为燃煤电厂的副产物,主要应用于建材、筑路及资源回收等方面。近年来的研究发现,燃煤电厂飞灰具有吸附、催化氧化烟气中汞的特性,与其他汞吸附剂相比,飞灰在经济上具有明显的优势,为推动燃煤电厂汞污染治理提供了新的方向。但是,飞灰的汞吸附效率低,且成分非常复杂,与汞的作用机理尚不清楚,提高飞灰吸附效率的方法较为匮乏,因此,改进飞灰性能、提高汞的脱除效率,是飞灰应用于汞污染治理的关键。

近20年来,作者一直从事汞等重金属污染治理的研究,有幸与诸多同仁一起经历了汞污染治理的高速发展期。本书试图较全面地梳理和总结飞灰净化烟气汞的最新研究成果,特别关注近年来飞灰净化烟气汞的新理论、新方法、工业应用新技术,并将汞吸附的基础理论与飞灰材料研究和技术开发有机融合,阐述飞灰净化烟气汞的原理和方法,为飞灰作为汞吸附剂的技术研发路径尽微薄之力。

本书按飞灰的基本特性、飞灰脱汞的性能以及飞灰脱汞的技术应用等展开,对飞灰脱汞的基础科学问题和关键技术进行较为系统的论述。第1

章综述了汞排放的危害及飞灰与汞作用的研究进展。第 2 章分析飞灰特性,阐述飞灰的形成机理,分析燃煤电厂飞灰颗粒的表面形貌和质量分布,并对飞灰颗粒进行了晶体结构分析,确定燃煤电厂飞灰颗粒的元素分布。第 3 章阐述飞灰中的汞含量及形态分布,探究了飞灰中的碳及无机物组分与飞灰中汞的作用规律及其对汞形态分布的影响。第 4 章阐述飞灰的汞吸附特性,研究了飞灰的物理特性、烟气组分、飞灰改性等对汞吸附的影响,分析了飞灰比表面积、颗粒粒径等对汞吸附的影响,阐明卤族元素改性飞灰及锰、铁、铈等金属氧化物改性飞灰对汞脱除的影响机制。第 5 章阐述飞灰成分对汞吸附的影响,分析飞灰中碳含量、碳形式及碳表面官能团对汞吸附的影响,探究了飞灰中的无机物特别是含量较多的硅铝氧化物对汞吸附的作用规律。第 6 章阐述飞灰和汞的作用机理,采用量子化学方法在分子、原子尺度上研究飞灰与汞之间的关系,揭示飞灰吸附汞的机理,并从吸附热力学和动力学的角度综合考虑,建立汞的均相反应热力学模型,研究了不同工况对汞热力学平衡形态的影响。第 7 章涉及飞灰脱除烟气汞的技术应用,特别关注飞灰对汞的高效脱除技术及其应用前景,包括模拟飞灰的制备及脱汞的应用、改性飞灰脱汞的应用,光催化、磁化学方法在脱汞中的应用等。

本书基本素材主要取自作者研究团队多年来的研究成果,同时汇集了国内外飞灰净化烟气汞的研究成果,撰写过程中得到许多国内外同行的鼓励和大力支持,在此表示衷心感谢。感谢课题组师生 10 余年来的研究工作,特别感谢沈敏强、潘雷、王鹏、陈洁鹤、张锦红、凌杨、关昱、张禛、冯维、田玉琢、张会、张霞、秦煌、王润、季仲昊、邹建术、郭建文、贾焘、张钊鹏、周敏、谢夏林、杨铃涛、刘国龙、王方军、郝两省、洪剑东等在实验研究、文献整理、图片处理和文字校对等方面的贡献。

取得的研究成果得到国家自然科学基金(52076126、50806041、21237003、51606115)、教育部留学回国人员科研基金、上海市自然科学基金(18ZR1416200、16ZR1413500)等的资助,特此感谢。

限于作者水平和精力,书中难免存在不足和疏漏,恳请广大读者和同行专家批评指正!

目　　录

第1章 绪 论

燃煤发电在我国能源结构中占绝对优势比例,飞灰作为煤粉燃烧产生的副产品,其资源化利用对循环经济和可持续发展具有重要意义。相对于发达国家,我国对于飞灰的综合利用开始较晚,但其综合利用受到国家高度重视,近年来取得较大成就,主要应用于建材、建工、筑路、回填、农业及资源回收等诸多方面。火力发电、建材生产、钢铁冶炼等燃煤过程中产生重金属污染物,燃煤烟气汞是重要的人为汞排放源之一,具有较强的毒性和生物累积性,对生态环境和健康造成危害。飞灰具有催化氧化烟气中单质汞的化学特性,与其他吸附剂相比,飞灰吸附汞在经济性上具有明显的优势,利用燃煤电厂飞灰替代其他汞污染吸附剂,对飞灰高附加值资源化利用,具有广阔的应用前景。飞灰对汞的吸附作用主要通过物理吸附、化学吸附、化学反应以及三者结合的方式,但飞灰成分和含量非常复杂,开展飞灰与汞的作用机理研究,开发飞灰作为廉价的汞吸附剂,具有重要的理论意义和应用前景。

1.1 煤及其燃烧产物飞灰

经济发展需要能源的支撑,能源是经济社会发展与进步的基础,人们广泛使用的电力能源都是通过其他能源转化而来的,比如,包括煤、石油、天然气以及生物质等燃料的化学能,太阳能,风能,核能,潮汐能,地热能,以及水能等。人类即使发展到今天,能源的主要构成依然是传统能源,尤其是化石能源,而且在今后较长一段时间内很难改变。人类在发展过程中利用能源的同时,会引起一系列生态环境问题,需要将能源转化过程中形成的多种污染物排放控制在环境容量与环境自净化范围内,从而与环境和谐共处,不影响生态多样性,实现人类经济社会的可持续发展。

煤炭是最为主要的一次能源之一,在许多国家能源结构中占有较高的比例。目前,我国在工业化进程中取得了显著成就,国内生产总值(GDP)已跃居世界第二,但总能耗、总碳排放量和年排放量增长亦居世界前列[1]。我国煤炭消费总量2000年仅为10.07亿吨标准煤,2010年则增长到24.96亿吨标准煤,2013年达到历史峰值 28.10 亿吨标准煤,2017 年为 27.09 亿吨标准煤,占一次能源消费量的 60.4%,高出世界平均水平 33 个百分点,2018 年又略有上升,为 27.38 亿吨标准煤。2010 年以来我国煤炭消费量及增量变化如图 1.1 所示[2]。近年来,清洁能源得到大力发展,取得显著成效,我国清洁能源消费占能源消费总量的比重从 2008 年的 11.8% 上升到 2017 年的 20.8%[3],但总体占比仍然较低。表 1.1 和表 1.2 表明,2005 年至 2018 年,我国煤炭以及水电、核电、风电的生产总量及消耗总量总体呈上升趋势,而石油及天然气储量相对不足,以此为基础形成了我国以煤炭为主的能源结构[2,4]。

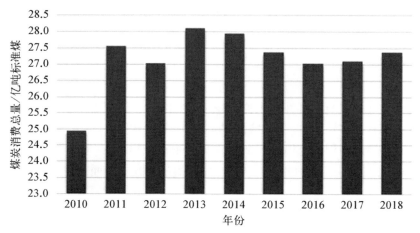

图 1.1　2010 年以来我国煤炭消费量及增量变化

表 1.1　我国能源生产量构成　　　　　　　　单位:亿吨标准煤

时　间	能源生产总量	构　成			
		原　煤	原　油	天然气	水电、核电、风电
2005 年	22.90	17.73	2.59	0.66	1.92
2006 年	24.48	18.97	2.64	0.78	2.08
2007 年	26.42	20.56	2.67	0.92	2.27
2008 年	27.74	21.31	2.72	1.08	2.64
2009 年	28.61	21.97	2.69	1.14	2.80
2010 年	31.21	23.78	2.90	1.28	3.25
2011 年	34.01	26.47	2.89	1.39	3.27
2012 年	35.10	26.75	2.98	1.44	3.93
2013 年	35.88	27.05	3.01	1.58	4.23
2014 年	36.19	26.63	3.04	1.70	4.81

（续表）

时　　间	能源生产总量	构　　成			
		原　煤	原　油	天然气	水电、核电、风电
2015 年	36.14	26.10	3.07	1.74	5.24
2016 年	34.60	24.08	2.84	1.83	5.81
2017 年	35.90	24.95	2.72	1.94	6.23
2018 年	37.70	26.13	2.71	2.07	6.79

注：数据来源于国家统计局。

表 1.2　我国能源消费量构成　　　　　　　　　　　单位：亿吨标准煤

时　　间	能源消费总量	构　　成			
		煤　炭	石　油	天然气	水电、核电、风电
2005 年	26.14	18.92	4.65	0.63	1.93
2006 年	28.65	20.74	5.01	0.77	2.12
2007 年	31.14	22.58	5.29	0.93	2.34
2008 年	32.06	22.92	5.35	1.09	2.69
2009 年	33.61	24.07	5.51	1.18	2.86
2010 年	36.06	24.96	6.28	1.44	3.39
2011 年	38.70	27.17	6.50	1.78	3.25
2012 年	40.21	27.55	6.84	1.93	3.90
2013 年	41.69	28.10	7.13	2.21	4.25
2014 年	42.58	27.93	7.41	2.43	4.81
2015 年	42.99	27.38	7.87	2.54	5.20
2016 年	43.58	27.03	7.98	2.79	5.80
2017 年	44.85	27.09	8.43	3.14	6.19
2018 年	46.40	27.38	8.77	3.62	6.64

注：数据来源于国家统计局。

目前，在发达国家的电力生产结构中，气电、核电占有较大比例，而中国的电力生产以火电尤其是以煤电为主，与发达国家存在着较大差异。与 1980 年相比，2019 年中国的电力生产结构有了明显改进，分别如图 1.2 和图 1.3 所示，但资源禀赋决定了燃煤发电将长期在我国能源体系中占据主导地位[5]。近年来新能源发展迅猛，但火电和水电仍是中国未来电力发展的基础。

电厂燃煤由有机物和无机物共同组成，有机物可以分为挥发分和固定碳，主要成分由碳、氢、氧构成，煤中的有机成分在炉膛高温燃烧时会形成多种气态氧化物。无机物主要成分为高岭石、方解石及黄铁矿等。煤燃烧产生三种燃烧产物，即烟气、飞灰和底渣，煤中有机可燃物氧化或加热挥发产生烟气，而煤中不可燃的灰分和

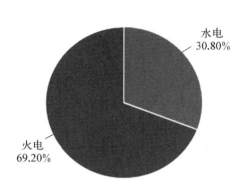

图 1.2　1980 年中国发电装机结构

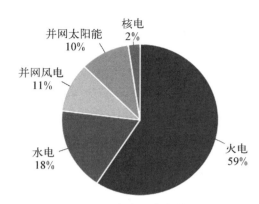

图 1.3　2019 年中国发电装机结构

未燃尽炭在燃烧过程中则转化成飞灰和底渣。

飞灰又称为粉煤灰,是火力发电厂的一种工业固体废物,主要是指燃料在锅炉炉膛燃烧后随烟气进入尾部烟道的细小灰粒,大部分由煤中不可燃烧的灰分和未燃尽炭在燃烧过程中转化而来[6],有些飞灰还包含了少量的原煤和有机挥发分。燃煤产生的飞灰是一种复杂的异质副产物[7],虽然组成非常复杂,但可以从其矿物组成、化学组成以及形态学组成等进行分类。

组成飞灰的颗粒主要是一些非均质球状颗粒,这些颗粒的粒径范围为 $0.5 \sim 100\ \mu m$。飞灰是煤粉进入 $1\ 300 \sim 1\ 500\ ℃$ 的炉膛后,在悬浮燃烧条件下经受热面吸热后冷却而形成的。由于表面张力作用,飞灰大部分呈球状,表面光滑,微孔较小。一部分因在熔融状态下互相碰撞而粘连,成为表面粗糙、棱角较多的蜂窝状组合粒子。飞灰的化学组成与燃煤成分、煤粒粒度、锅炉型式、燃烧情况及收集方式等有关。其中主要物相是玻璃体,占 $50\% \sim 80\%$,所含晶体矿物主要有莫来石、α-石英、方解石、钙长石、硅酸钙、赤铁矿和磁铁矿等,此外还有少量未燃尽炭。飞灰的排放量与燃煤中的灰分直接有关。据我国用煤情况,燃用 1 吨煤产生 $250 \sim 300$ 千克飞灰。大量飞灰如不加控制或处理,会造成大气污染,进入水体会淤塞河道,同时会对生态和健康造成危害。飞灰的颜色主要是浅褐色、灰色、黑色。飞灰中的含碳量越多,飞灰的颜色越深;当飞灰的含铁量较高时,飞灰的颜色为微红色或亮褐色。飞灰是燃煤电厂生成的一种特性复杂的副产物,其生成量大,成本较低,具有很高的经济价值。有效利用飞灰,不仅可以变废为宝,还能减轻对土壤、水质的污染,具有显著的环境效益和社会效益。

1.2　飞灰综合利用

飞灰主要来源于火电厂的燃煤发电,它既是一种固体废弃物,同时也是一种具有潜在价值的人造火山灰资源。飞灰生成量非常大,若不对其加以处理而直接排放到环境中,会对水、空气、土壤造成不同程度的污染,而对飞灰进行综合利用则有利于推动其资源化处置,发展循环经济。

国外飞灰(粉煤灰)利用工作开展时间较早,在飞灰的组织管理方面取得显著成绩。在欧洲,飞灰的管理工作由欧洲煤炭燃烧产物协会(ECOBA)全面负责,其主要工作职责是推进燃煤电厂废弃物利用技术的发展,制定所有欧洲燃煤电厂及其他成员承认和接受的法律规则,促进国际信息和资料的交流。ECOBA 所属成员排放的飞灰利用率约为 48%。在澳大利亚,1991 年成立了澳大利亚飞灰发展联合公司,其主要目的是进行飞灰利用研究和科技转换。在美国,飞灰的处置、利用以及协调工作和学术活动都由民间机构美国灰渣协会(American Ash Association, AAA)和美国电力科研院负责。日本作为世界上煤炭最大输入国,其国土面积较小,对环境质量要求较高,因而很早就对飞灰开展研究和产业化利用,利用率已超过 85%,居世界之首[8]。

美国的电力结构与中国相似,都是以火电为主,电力用煤量约占美国煤炭消费量的 93%。据美国煤灰协会(American Coal Ash Association, ACAA)统计数据显示,经过多年的发展,美国的飞灰利用率由 1966 年的不到 20% 上升至 2007 年的 60% 左右。早在 1933 年,美国加州大学伯克利分校对飞灰在混凝土中的应用进行了系统的研究,很早就把飞灰与其他矿产并列为主要的矿物资源,并从中提取各种金属。美国 1976 年实施第一部关于煤燃烧产物管理和应用的条例——《资源保护与回收法》,对火电厂排放物及回收利用做出明确而严格的规定。同时对燃煤副产物堆放有严格的管理标准,要求企业采取压实回填土覆盖等措施保证其不产生环境污染和危害[8]。虽然总体而言美国燃煤副产物综合利用率不高,处置方式主要还是以填埋为主,大宗利用主要集中在建材和筑路等方面,但其对于综合利用技术的研发和标准制定给予足够的重视,值得借鉴。

日本政府出于环境保护的考虑,在政策上对飞灰的排放做出严格限制,同时,对飞灰的综合利用给予较大力度的倾斜和支持,督促和鼓励飞灰生产企业和利用企业进行技术研究开发和实际推广,高度重视飞灰高附加值利用技术的研发,不断拓展飞灰的利用途径,提高利用效率,开发了众多行之有效并能取得良好经济和社会效益的飞灰利用方法和途径。尽管日本飞灰产生量逐年攀升,但有效利用量增加更快,所以有效利用率也逐年增加,如 2007 年其飞灰产量为 1 200 万吨,其中 1 160 万吨得到有效利用,利用率达到 97%[9]。从利用领域而言,日本飞灰以用作建筑材料为主,其次是用作土木工程的充填材料,近年来在农业和环保方面利用的比例也在逐步增大。

中国飞灰的综合利用长期以来一直受到国家的高度重视,近年来取得较大成就。2016 年全球飞灰产量约为 11.43 亿吨,平均利用率为 60%,其中中国约为 6 亿吨,利用率为 68%～70%(综合利用量为 4.08 亿吨)[10]。如前所述,国外飞灰有相当比例作为建筑材料使用,尽管附加值很低,但由于吃灰量较大,目前仍是飞灰利用的一个重要途径。在我国,飞灰在建筑工程及建材行业的应用比例达到 70% 左右,常用于生产粉煤灰混凝土、粉煤灰水泥、粉煤灰砖、墙体材料和用于建筑回填、筑路等方面[11]。

我国对飞灰用于筑路工程也有丰富的经验,筑路堤不仅可以将飞灰变废为宝、节约土地,还可以保护自然环境,虽然前期投入会有所增加,但具有很好的社会效益。随着国民经济的快速发展,我国在公路建设方面发展十分迅速,高等级公路的普遍特点是路堤较高,利用飞灰填筑路堤有利于路堤取土问题的解决,同时,飞灰属于轻质材料,特别适用于软土地区的路基填筑,对路堤的稳定也有着非常重要的意义。飞灰修筑路堤已引起工程界的广泛关注,逐步成为将飞灰变废为宝的重要途径之一,具有良好的经济效益与社会效益。我国从 20 世纪 80 年代中期开始就一直进行着飞灰路堤的修筑与研究[12],技术上已趋于成熟。

此外,飞灰的综合利用与高附加值利用技术的开发不断得到关注,近年来研究发现飞灰对气态汞有一定的吸附作用[13-15]。粉末活性炭吸附技术是较为成熟的烟气汞脱除控制技术,但成本高昂限制了其推广应用,这使得开发廉价易得的飞灰作为烟气汞吸附剂成为重要方向。了解飞灰与汞的作用机理,对于认识烟气汞形态分布特征及其迁移特性、大气污染控制设备(APCDs)对烟气汞的脱除控制作用、飞灰综合利用及处理过程中汞渗出及其对环境的影响,从而开发成本低廉的飞灰作为烟气汞吸附剂,具有重要意义。

1.3　汞排放及其危害

汞是自然界唯一一种液体金属元素,历史上,中华先贤们很早就开始与汞打交道,东汉魏伯阳著有《周易参同契》,里面描述汞的性质:"河上姹女,灵而最神。得火则飞,不见埃尘。鬼隐龙匿,莫知所存。将欲制之,黄芽为根。"其中"河上姹女"即汞,"黄芽"为硫黄,引文的意思是:汞容易挥发,也容易与硫黄化合。炼丹术的发展使得人们对汞及其他化学物质的认识逐渐加深,但是服食丹药中毒的现象也越来越严重[16]。

人们对汞的认识经历了从"无毒"到"有毒"再到"限量"使用三个阶段。汞及其化合物运用得当,可以治病救人。《神农本草经》中谓丹砂(即辰砂,硫化汞)"养精神,安魂魄,益气,明目……能化为汞"。唐代孙思邈的《备急千金要方》中有磁朱丸,治心悸失眠;宋代《圣济总录》有丹砂丸,主治癫痫;近代张锡纯的《医学衷中参西录》有卫生防疫宝丹,治愈霍乱达上千例。天然的硫化汞可以用来治病,这种无机汞在进入人体后被吸收的比例为 5%～10%,由此可见,只要不过量服用,无机汞对人体的伤害远不及有机汞那么大。微量的汞不会对人体造成很大的危害,可经汗液、尿液、粪便等途径排出体外,但达到一定程度时,则会对人体造成不良影响。同时,随着现代医学的发展,人们越来越多地避免使用硫化汞等一些毒性明显的物质进行治疗。

汞具有生物累积效应、高挥发性和剧毒性,可对生态环境和人类健康造成极大的危害,比如,危害人的运动系统、神经系统,引起胎儿的畸形发育等。在过去的几十年间,全球环境中汞浓度在持续上升,已引起各国政府的极大关注。汞是全球性污染物,减少由汞导致的环境污染和健康风险,需要国际行动[17]。汞污染物的排放,对人的神经系统和排毒系统危害也十分严重。汞及其化合物可通过呼吸道、皮肤或消化道等不同途径侵入人体,造成精神-神经异常、齿龈炎、震颤等中毒表现,甚至造成死亡。汞及其化合物有着很强的生物毒性,其中又以有机汞化合物的毒性最大。汞中毒中以甲基汞致病最为严重。汞在进入环境后,毒性较弱的无机汞在特定条件下会转化为毒性更大、生物有效性更强的甲基汞,通过各种途径进入食物链,构成对人类的危害[18]。甲基汞主要侵犯中枢神经系统,严重时可造成语言和记忆能力障碍等,其损害的主要部位是大脑的枕叶和小脑,其神经毒性可能与扰乱谷氨酸的重摄取和致使神经细胞基因表达异常有关。甲基汞进入生物体内与—SH 基结合形成硫醇盐,使一系列含有—SH 的基酶的活性丧失或者降低,从而破坏人体细胞的基本运行功能,破坏一些肝脏细胞的解毒功能,阻止或者中断一些化学反应过程。甲基汞影响人体的神经功能,危害神经元细胞使其发生强烈变性,使中枢神经系统各个部分受到不同程度的损害。甲基汞能长期滞留于儿童体内,并能造成成人心血管受损[19-21]。甲基汞由于其生物累积性,通过食物链逐渐在人体内累积[22],达到一定程度后会对大脑、心、肝、肾等人体重要器官造成伤害。

在众多的重金属中,汞是唯一一种能够以气相方式存在于大气中的物质[23]。大气中汞的来源可分为自然源和人为源两种。据估计,全球通过各种途径向大气中排放的汞大约为 5 000 吨/年,其中人为源为 2 000～3 000 吨/年,占总量的 60% 左右。据统计,中国每年人为排放到环境中的汞为 500～700 吨,占全球人为汞排放的 25%～30%[24]。1978—1995 年中国燃煤电厂向大气中的排汞量年平均增长速度为 4.8%,1995 年燃煤电厂排汞量为 302.9 吨,其中向大气中的排汞量为 213.18 吨。2000 年中国燃煤排汞量达到 219.5 吨,其中燃煤电厂的排汞量占比约为 35%[25]。随着经济社会不断发展,能源需求增加使得燃煤增加,但汞排放却不断下降,这得益于燃煤电厂单机容量提升而形成的供电煤耗下降,也得益于燃煤电厂大气污染控制性能和运行水平的提高以及对汞的协同减排效果的提升。近年来，燃煤电厂采取了超低排放改造等一系列措施，汞的排放量有一定程度的下降，但总量依然比较大，在人为汞排放中仍占相当比例。

煤燃烧是大气人为汞排放的最主要来源，占汞排放总量的 37%～54%。中国环境与发展国际合作委员会 2011 年工作年会报告指出，中国大气汞排放中约 19% 来自燃煤电厂，33% 来自燃煤工业锅炉，燃煤汞排放份额与美、欧 50% 的比例相当[26]。随着中国经济发展进入新阶段，能源生产结构更多元、更合理，能源消费更清洁、更集约，由粗放发展向高质量发展过渡。近年来，我国陆续出台了一些对燃煤部门大气汞排放有较大影响的政策和标准，包括 2013 年国务院出台的《大气污染防治行动计划》，以及 2011 年和 2014 年环境保护部等分别发布的《火电厂大气污染物排放标准》(GB 13223—2011)和《锅炉大气污染物排放标准》(GB 13271—2014)等。

中国煤中汞含量平均为 0.22 ppm[①]，在燃烧过程中，煤中的汞会释放出来。在燃煤电厂排放的烟气中，汞主要有三种赋存形态：元素汞(Hg^0，也称单质汞)、氧化态汞(Hg^{2+}，也称二价汞)和颗粒态汞(Hg^P)。这三种形态的汞均有各自的特点。颗粒态汞(Hg^P)容易被除尘设备脱除；氧化态汞(Hg^{2+})有一部分附着在飞灰颗粒上从而被除尘设备脱除，其可溶于水的特性使得其可以在湿法脱硫中被脱除一部分；元素汞(Hg^0)的理化性质最为稳定，也最难通过现有的大气污染控制设备脱除。研究表明[27-31]，除了极地地区、对流层上部、海洋边界层等少数地方以外，大气中的汞相当稳定，其沉降周期长达几个月到两年。汞作为一种重金属，与其他重金属不同的是，汞沉降到地表之后，非常容易被带动到空气中形成二次污染，在大气中传播周期较长，造成全球化的环境安全问题[32-33]。为了有效地解决汞污染带来的严重危害，联合国环境规划部门先后五次召集各国政府进行谈判，于 2013 年制定了国际汞公约。同年，包括中国在内的 140 多个国家一致通过了关于汞排放和汞产品的公约文本，这是全球第一个具有法律约束力的国际汞公约。该公约由于在日本签署所以也称为《关于汞的水俣公约》(简称《水俣公约》)，成了最高层次的国际法，于 2017 年 8 月 16 日生效。我国政府非常注重汞污染防治，国务院于 2011 年颁布了《重金属污染综合防治"十二五"规划》，将汞污染物列为重点管理重金属，并制定了燃煤电厂汞污染排放量指标，于 2012 年 1 月 1 日实施。随后于 2013 年正式启动国家重点基础研究发展(973)计划项目，进行汞污染特性、环境和减排技术的研究，这体现了我国对环境汞污染给予的高度重视[34]。

在常规燃煤电站和大中型燃煤工业锅炉占能源结构相当比例的我国，煤燃烧

① ppm 为行业惯用，$1\ ppm = 10^{-6}$。

所带来的严重生态环境问题是不容忽视的。火电厂排放到大气中的主要污染物有烟尘、二氧化硫、氮氧化物和汞等重金属及其化合物,这些污染物是形成 $PM_{2.5}$ 的重要前体物质,是造成区域灰霾天气的重要原因之一,也是使我国京津冀、长三角、珠三角等经济发达地区大气能见度下降,灰霾天数增加的重要原因之一。21 世纪重大的大气环境污染事件,如酸雨、臭氧减少、全球气候变暖、光化学烟雾污染、城市煤烟雾等,都与燃煤相关。大气中的主要污染物硫氧化物、氮氧化物、二氧化碳、烟尘颗粒物以及微量元素的主要来源都是煤的燃烧,这些污染物的排放形势日益严峻,给环境保护带来巨大压力,并对人类健康和生态环境造成不可逆转的危害。2014 年,全国电力烟尘年排放量约为 98 万吨、二氧化硫排放量为 1 974.4 万吨、氮氧化物排放量为 620 万吨,分别占全国烟尘、二氧化硫、氮氧化物排放量的 5.6%、31.4%、29.8%[35]。除常量有害元素硫、氮以外,目前已经从煤中发现了 80 余种微量元素,其中有害或潜在有害的微量元素有 22 种。在燃煤过程中,这些有害或潜在有害的微量元素将以各种不同化合物形式形成重金属污染。尽管与常规的二氧化硫及氮氧化物比较,这些有害的重金属浓度在一般情况下比较低,但是这些重金属痕量元素在环境中以不同的化合物或者单质形式停留时间相当长,有着难以估计的累积危害效应。

长期以来,在煤燃烧产生的总的污染物中,人们对重金属的排放规律与危害的认识尚不够深入。联合国环境规划署在 2003 年发表的一份调查报告中指出,燃煤电厂是汞排放的最大人为污染源。根据清华大学环境学院环境模拟与污染控制国家重点联合实验室、国家环境保护大气复合污染来源与控制重点实验室、环境保护部环境保护对外合作中心计算所得的数据[36],2010 年,我国燃煤电厂汞的总输入为 271.7 吨,从一次汞排放来看,进入大气中的汞为 101.3 吨,占总汞输入的 37.3%;进入固体中的汞为 167.4 吨,占总汞输入的 61.6%;进入废水中的汞为 3.0 吨,占总汞输入的 1.1%。进入固体中的汞,66.6 吨进入了脱硫石膏,2.7 吨进入了锅炉底灰,98.1 吨进入除尘器捕集到的飞灰中。2014 年我国电力行业燃煤的消费量为 19.3 亿吨,以煤中汞浓度 0.170 克/吨计算,燃煤电厂 2014 年汞的输入量为 328.1 吨,比 2010 年高了 20.8%,增加了 56.4 吨,但是向大气排放的汞却降低了 6.0 吨,这主要得益于布袋除尘器、湿法脱硫和催化脱硝设备安装比例的提升,使得更多的汞进入水体和固体废物中。

电力行业燃煤汞的二次排放也会对环境污染造成影响。如表 1.3[36] 所示,2010 年进入脱硫石膏的 66.6 吨汞,随着脱硫石膏的处置利用,35.4 吨汞随着作为缓凝剂的脱硫石膏进入了水泥产品中;3.3 吨汞进入了墙体材料制造过程,进而有 1.0 吨汞再释放进入大气中,剩余的 2.3 吨留在了墙体材料中;2.7 吨汞通过筑路的方式进入产品中;2.3 吨汞通过矿物提取的方式留在产品中;2.3 吨汞通过农业利用的方式进入土壤中;还有 20.6 吨非综合利用的汞随着脱硫石膏进入土壤中。如表 1.4[36] 所示,飞灰中的汞共有 100.7 吨。飞灰可用于水泥生产,有 28.1 吨汞随原料进入了水泥生产过程,在水泥生产过程中,有 26.7 吨汞重新进入大气,剩余的 1.4 吨汞留在了水泥产品中;飞灰中有 17.8 吨汞进入了粉煤灰砖生产制造过程,在这个过程中,5.0 吨汞再次排入大气中,剩余 12.8 吨汞进入粉煤灰砖中;通过制造商品混凝土、筑路、提取矿物过程,分别有 13.0 吨、3.4 吨、2.7 吨汞留在产品中;通过农业进入土壤的汞为 3.4 吨;由于飞灰的非综合利用而进入土壤中的汞有 32.3 吨[36]。

表 1.3　电力行业燃煤脱硫石膏中汞的二次排放　　　　　　　　　　单位:吨

应 用 方 式	输入	大气	产品	土壤
水泥生产	35.4	—	35.4	—
墙体材料	3.3	1.0	2.3	—
筑路	2.7	—	2.7	—
农业	2.3	—	—	2.3
提取矿物	2.3	—	2.3	—
非综合利用	20.6	—	—	20.6

表 1.4　电力行业燃煤飞灰中汞的二次排放　　　　　　　　　　单位:吨

应 用 方 式	输入	大气	产品	土壤
水泥生产	28.1	26.7	1.4	—
商品混凝土	13.0	—	13.0	—
粉煤灰砖	17.8	5.0	12.8	—
筑路	3.4	—	3.4	—
农业	3.4	—	—	3.4
提取矿物	2.7	—	2.7	—
非综合利用	32.3	—	—	32.3

减少和控制汞的排放是大气污染物治理的重要课题之一。燃煤汞排放是造成汞环境污染的主要人为来源,燃煤电厂作为煤炭消耗的大户,其烟气中汞的排放是决定汞污染对生态环境直接和潜在危害程度的关键因素。要使我国汞污染治理和环境保护得到突破和提高,研究燃煤电厂汞排放的治理技术是极其重要的。为履行《水俣公约》,我国需要制订燃煤部门的大气汞减排目标。按照我国一些学者研究后提出的建议,对于燃煤电厂,2020 年和 2030 年的减排目标可以分别设定为比 2010 年降低 25% 和 50%～70%;对于燃煤工业锅炉,2020 年和 2030 年的大气汞

减排目标可以分别设定为比 2010 年降低 30％～50％和 50％～70％；对于民用燃煤炉灶,2020 年和 2030 年的大气汞减排目标可以分别设定为比 2010 年降低 5％～15％和 10％～25％[37]。

　　飞灰作为燃煤电厂生成的一种副产物,具有催化氧化烟气中单质汞的化学特性,与其他汞污染吸附剂相比,燃煤电厂飞灰吸附汞在经济性上具有无可比拟的优势,对推动燃煤电厂汞污染治理具有重要作用。利用燃煤电厂飞灰替代其他汞污染吸附剂,对资源的有效利用、节能减排和节约型社会的发展是非常重要的。但是,飞灰的汞吸附效率非常低,且成分和含量非常复杂,分析较为困难,飞灰与汞的作用机理研究仍然不完善、不全面,提高飞灰吸附效率的方法尚待不断深入研究。改进飞灰性能,提高汞的脱除效率,是飞灰在汞污染治理工业应用的关键。进行燃煤电厂飞灰的性能分析和汞脱除机理的基础性研究,对推动燃煤电厂利用飞灰治理电厂汞污染具有重要意义。

1.4　飞灰与汞的作用研究现状

　　研究发现飞灰对汞的吸附作用主要通过物理吸附、化学吸附、化学反应以及三者结合的方式[38]。飞灰中的一些无机矿物以及烟气组成成分也对烟气汞的吸附、催化和氧化有重要作用[39-42]。研究发现飞灰的某些成分(Fe 和 Al)可以促进 $Hg^0(g)$ 转化为 $Hg^{2+}(g)$,Hg^0 的氧化随着飞灰中磁铁矿含量的增加而增加[43-44]。飞灰具有较大的吸附表面积和丰富的矿物质,其中包括某些具有光催化性能的矿物质,而这些与光催化所必需的条件相吻合。以纳米 TiO_2 为代表的光催化剂虽然具有良好的脱汞性能,但是价格不菲,在大容量电厂烟气排放量的应用背景下,仅采用纳米 TiO_2 光催化剂进行烟气汞脱除,是很难维系的,因此,近年来以飞灰为载体的新型光催化剂受到人们的关注。Yu[45] 通过沉淀法将纳米 TiO_2 固定在电厂飞灰表面上,进行光催化脱除氮氧化物的实验,研究发现,经过 300℃和 400℃热处理后,负载 10％纳米 TiO_2 的飞灰在紫外光照下,对 NO 的脱除率分别达到 63％和 67.5％,其中飞灰表面的铁的氧化物尤其是 Fe_2O_3,在光照下,能够促进 NO 的氧化。Wang 等[46] 通过在 300 MW 的发电厂进行汞污染控制的吸附剂喷射实验,结果表明,改性飞灰的吸附使烟气中汞的浓度降低了 30％,考虑到现有污染物控制设备的共效益,总除汞效率达到 75％～90％。姜未汀、吴江等[47] 采用氯化钠、氧化钙及其混合物对电厂燃煤飞灰进行浸渍改性,并在自行开发的吸附剂评价装置上进行了烟气汞脱除的实验研究,结果表明,浸渍改性后燃煤飞灰的比表面积明显增大,平均孔径大幅度减小,对烟气汞的捕捉能力明显提高,CaO 溶液浸渍的飞灰对汞的脱除率为 35.69％,是飞灰改性前的 1.69 倍。

前人研究表明,矿物质表面的金属氧化物和飞灰中常见的铁氧化物对汞都有吸附作用[48-49]。Kim 等[48]研究了铁铝(氢)氧化物对溶液中汞离子的吸附效果,表明 α - FeOOH 对于汞离子具有较强的吸附作用,这是由于它们形成了一个双配位复合物,而 γ - Al_2O_3 对氧化态汞吸附作用则较弱,说明不同的氧化物对汞的吸附效果存在差异。Li 等[49]研究了 Mn/α - Al_2O_3 在 373~473 K 温度范围内对气态汞的催化氧化,为了提高 α - Al_2O_3 催化剂的催化活性以及催化剂的抗硫性,采用其他金属对催化剂进行进一步修饰,结果表明,效果最好的是加入 Mn 元素,其催化效果甚至超过了 Pd/α - Al_2O_3。

飞灰作为吸附剂脱除电厂烟气中汞的研究得到了越来越多的重视,研究成果丰硕,但是,飞灰成分非常复杂,导致飞灰与汞的作用无论在实验分析和理论研究上仍然不成熟,机理认识有待深化,这在很大程度上制约了飞灰脱除电厂烟气汞技术的发展和应用,因此,开展飞灰与汞的作用及其机理的研究,揭示飞灰与汞脱除的影响规律显得非常重要,其研究结果可为飞灰治理电厂汞污染提供有效的理论支撑和技术支撑。

1.5　本章小结

本章对国内外特别是我国能源结构、燃煤产生的飞灰副产物、汞等重金属污染排放情况等进行了综述。本章主要阐述了如下几个方面:① 我国的煤炭消费及其污染物排放情况,2013 年以前呈不断上升的趋势,之后随着国家对电力等行业烟气污染物排放控制法规的不断严格,得到了较为有效的控制和改善。② 飞灰作为煤粉燃烧后产生的副产品,其资源化利用对于推动经济可持续发展具有十分重要的意义,我国主要将其应用于建材、建工、筑路、回填、农业及资源回收等诸多方面,近年来,研究发现飞灰对气态汞有一定的吸附作用。③ 汞是一种有毒的重金属,而燃煤排放的气态汞是大气汞的主要来源,与其他吸附剂相比,飞灰作为汞吸附剂在经济性和资源利用上有着得天独厚的优势,但其吸附效率较低,研究其与汞的作用机理,改进飞灰性能,进而提高其对汞的脱除效率,具有重要意义。

参 考 文 献

[1] WANG Z, LIU M M, GUO H T. A strategic path for the goal of clean and low-carbon energy in China[J]. Natural gas industry B, 2016, 3(4): 305 - 311.

[2] 国家统计局.国家数据库[DB/OL].http://data.stats.gov.cn.

[3] 郭彤荔.我国清洁能源现状及发展路径思考[J].中国国土资源经济,2019,32(4):39 - 42.

［4］郑悦红,郭汉丁,吴思材,等.我国能源现状分析及其发展策略[J].城市,2018,31(1):35-42.

［5］杨勇平.燃煤发电系统能源高效清洁利用的基础研究综述[J].发电技术,2019,40(4):308-315.

［6］纪莹雪.电厂飞灰对水体中典型抗生素的吸附特性研究[D/OL].南京:南京师范大学,2015[2020-05-06].https://cc0eb1c56d2d940cf2d0186445b0c858.vpn.njtech.edu.cn/KCMS/detail/detail.aspx?dbcode=CMFD&dbname=CMFD201601&filename=1015429048.nh&uid=WEEvREcwSlJHSldRa1FhcEFLUmViU1FCRTBGNVNUSWRGOVRBUm1oVmlVaz0=$9A4hF_YAuvQ5obgVAqNKPCYcEjKensW4IQMovwHtwkF4VYPoHbKxJw!!&v=MTQxNDRSN3FmWXVacEZDRDBmtVN3JOVkYyNkc3ZTZGOUhJcCVDDVFYlBJUjhlWDFMMdXhZUzdEaDFFUM3FUcldNMUZyQ1U=.

［7］GUEDES A, VALENTIM B, PRIETO A C, et al. Characterization of fly ash from a power plant and surroundings by micro-Raman spectroscopy[J]. International journal of coal geology, 2008, 73(3-4):359-370.

［8］戴枫,樊娇,牛东晓.我国粉煤灰综合利用问题分析及发展对策研究[J].华东电力,2014,42(10):2205-2208.

［9］李文顾,朱林.日本粉煤灰综合利用对我国的启示[J].粉煤灰综合利用,2010,21(3):52-56.

［10］姜龙.燃煤电厂粉煤灰综合利用现状及对我国的启示[J/OL].洁净煤技术,2019[2019-09-27].https://kns.cnki.net/KCMS/detail/11.3676.TD.20190927.1003.002.html.

［11］杨星,呼文奎,贾飞云,等.粉煤灰的综合利用技术研究进展[J].能源与环境,2018,37(4):55-57.

［12］张静.粉煤灰综合利用研究进展[J].河南化工,2019,36(2):12-17.

［13］ZHOU Q, DUAN Y F, CHEN M M, et al. Effect of flue gas component and ash composition on elemental mercury oxidation/adsorption by NH_4Br modified fly ash[J]. Chemical engineering journal, 2018, 345(8):578-585.

［14］HE P, ZHANG X B, PENG X L, et al. Effect of fly ash composition on the retention of mercury in coal-combustion flue gas[J]. Fuel processing technology, 2016, 142:6-12.

［15］江贻满,段钰锋,王运军,等.220 MW燃煤机组飞灰对汞的吸附特性研究[J].热能动力工程,2008,23(1):55-59.

［16］张锦红.燃煤飞灰特性及其对烟气汞脱除作用的实验研究[D/OL].上海:上海电力学院,2013[2020-05-06].https://cc0eb1c56d2d940cf2d0186445b0c858.vpn.njtech.edu.cn/KCMS/detail/detail.aspx?dbcode=CMFD&dbname=CMFD201401&filename=1014015883.nh&uid=WEEvREcwSlJHSldRa1FhcEFLUmViU1FCRTBGNVNUSWRGOVRBUm1oVmlVaz0=$9A4hF_YAuvQ5obgVAqNKPCYcEjKensW4IQMovwHtwkF4VYPoHbKxJw!!&v=MzIzOTRrVkkx6QVZGMjZHck81RzluRXJKKRWJQSVI4ZVgxTHV4WVM3RGgxVDNxVHJJXTTFGckNVUjdxZll1WnBGQ24=.

［17］PACYNA E G, PACYNA J M, SUNDSETH K, et al. Global emission of mercury to the atmosphere from anthropogenic sources in 2005 and projections to 2020[J]. Atmospheric environment, 2010, 44(20):2487-2499.

[18] 冯新斌,仇广乐,王少锋,等.我国汞矿区人群的无机汞及甲基汞暴露途径与风险评估[J].地球化学,2013,42(3)：205-211.

[19] AXELRAD D A, BELLINGER D C, RYAN L M, et al. Dose-response relationship of prenatal mercury exposure and IQ: an integrative analysis of epidemiologic data[J]. Environmental health perspectives, 2007, 115(4): 609-615.

[20] CHOI A L, WEIHE P, BUDTZ-JORGENSEN E, et al. Methylmercury exposure and adverse cardiovascular effects in Faroese whaling men [J]. Environmental health perspectives, 2009, 117(3): 367-372.

[21] ROMAN H A, WALSH T L, COULL B A, et al. Evaluation of the cardiovascular effects of methylmercury exposures: current evidence supports development of a dose-response function for regulatory benefits analysis[J]. Environmental health perspectives, 2011, 119 (5): 607-614.

[22] SUNDERLAND E M. Mercury exposure from domestic and imported estuarine and marine fish in the US seafood market[J]. Environmental health perspectives, 2007, 115(2): 235-242.

[23] 童银栋,张巍,邓春燕,等.大气汞均相和非均相化学反应过程研究进展[J].环境科学学报,2016,36(5)：1515-1523.

[24] 吴晓云,郑有飞,林克思.我国大气环境中汞污染现状[J].中国环境科学,2015,35(9)：2623-2635.

[25] 刘含笑,陈招妹,王伟忠,等.燃煤电厂烟气 Hg 排放特征及其吸附脱除技术研究进展[J].环境工程,2019,37(8)：127-133.

[26] 段钰锋,朱纯,佘敏,等.燃煤电厂汞排放与控制技术研究进展[J].洁净煤技术,2019,25(2)：1-17.

[27] ANGOT H, MAGAND O, HELMIG D, et al. New insights into the atmospheric mercury cycling in central Antarctica and implications on a continental scale[J]. Atmospheric chemistry and physics, 2016, 16(13): 8249-8264.

[28] ANGOT H, BARRET M, MAGAND O, et al. A 2-year record of atmospheric mercury species at a background Southern Hemisphere station on Amsterdam Island [J]. Atmospheric chemistry and physics, 2014, 14(20): 11461-11473.

[29] LINDBERG S, BULLOCK R, EBINGHAUS R, et al. A synthesis of progress and uncertainties in attributing the sources of mercury in deposition[J]. AMBIO: a journal of the human environment, 2007, 36(1): 19-32.

[30] FAIN X, OBRIST D, HALLAR A G, et al. High levels of reactive gaseous mercury observed at a high elevation research laboratory in the Rocky Mountains[J]. Atmospheric chemistry and physics, 2009, 9: 8049-8060.

[31] OBRIST D, TAS E, PELEG M, et al. Bromine-induced oxidation of mercury in the mid-latitude atmosphere[J]. Nature geoscience, 2011, 4: 22-26.

[32] NGUYEN D L, KIM J Y, SHIM S G, et al. Ground and shipboard measurements of atmospheric gaseous elemental mercury over the Yellow Sea region during 2007-2008[J]. Atmospheric environment, 2011, 45: 253-260.

［33］CI Z J，ZHANG X S，WANG Z W，et al. Atmospheric gaseous elemental mercury (GEM) over a coastal/rural site downwind of East China：temporal variation and long-range transport［J］. Atmospheric environment，2011，45：2480 - 2487.

［34］陈福莘.汞的环境地球化学研究进展［J］.化工设计通讯,2017,43(7)：198.

［35］齐书芳,左朋莱,王晨龙,等.我国火电厂大气污染防治现状分析［J］.中国环保产业,2016（7）：46 - 50.

［36］惠霖霖,张磊,王祖光,等.中国燃煤电厂汞的物质流向与汞排放研究［J］.中国环境科学,2015,35(8)：2241 - 2250.

［37］惠霖霖,张磊,王书肖,等.中国燃煤部门大气汞排放协同控制效果评估及未来预测［J］.环境科学学报,2017,37(1)：11 - 22.

［38］LI L，PAN S W，HU J J，et al. Experimental research on fly ash modified adsorption of mercury removal efficiency of flue gas［J］. Advanced materials research，2013，800：132 - 138.

［39］GALBREATH K C，ZYGARLICKE C J，TIBBETTS J E，et al. Effects of NO_x，α - Fe_2O_3，γ - Fe_2O_3，and HCl on mercury transformations in a 7 - kW coal combustion system［J］. Fuel processing technology，2004，86(4)：429 - 448.

［40］BHARDWAJ R，CHEN X H，VIDIC R D. Impact of fly ash composition on mercury speciation in simulated flue gas［J］. Journal of the air & waste management association，2009，59(11)：1331 - 1338.

［41］ABAD - VALLE P，LOPEZ - ANTON M A，DIAZ - SOMOANO M，et al. Influence of iron species present in fly ashes on mercury retention and oxidation［J］. Fuel，2011，90(8)：2808 - 2811.

［42］CHEN X H. Impacts of fly ash composition and flue gas components on mercury speciation［D/OL］. Pittsburgh：University of Pittsburgh，2007［2020 - 05 - 06］. https://cc0eb1c56d2 d940cf2d0186445b0c858. vpn. njtech. edu. cn/KCMS/detail/detail. aspx? dbcode = SJPD& dbname = SJPD _ 04&filename = SJPD13031106610210&uid = WEEvREcwSlJHSldRa1 FhcEFLUmViU1FCRTBGNVNUSWRGOVRBUm1oVmlVaz0 = ＄9A4hF _ YAuvQ5obg VAqNKPCYcEjKensW4IQMovwHtwkF4VYPoHbKxJw!! &v = MzIyOTBqTElWNFZie FE9TmlmYmFySzdIdExOcm85Rll1b1BEbjA1b0dWbTYwMEpTSDdrcXhveWZNT1ZOTHJ3 WmVadEZpbmhVcg==.

［43］赵毅,于欢欢,贾吉林,等.烟气脱汞技术研究进展［J］.中国电力,2006,39(12)：59 - 62.

［44］DUNHAM G E，DEWALL R A，SENIOR C L. Fixed-bed studies of the interactions between mercury and coal combustion fly ash［J］. Fuel processing technology，2003，82(2)：197 - 213.

［45］YU Y - T. Preparation of nanocrystalline TiO_2-coated coal fly ash and effect of iron oxides in coal fly ash on photocatalytic activity［J］. Powder technology，2004，146：154 - 159.

［46］WANG S M，ZHANG Y S，GU Y Z，et al. Using modified fly ash for mercury emissions control for coal-fired power plant applications in China［J］. Fuel，2016，181：1230 - 1237.

［47］姜未汀,吴江,任建兴,等.燃煤飞灰对烟气中汞的吸附转化特性研究［J］华东电力,2011,39(7)：1159 - 1162.

[48] KIM C S, RYTUBA J J, BROWN JR G E. EXAFS study of mercury (Ⅱ) sorption to Fe-and Al-(hydr) oxides: Ⅱ. Effects of chloride and sulfate[J]. Journal of colloid & interface science, 2004, 270(1): 9 - 20.

[49] LI J F, YAN N Q, QU Z, et al. Catalytic oxidation of elemental mercury over the modified catalyst Mn/α - Al$_2$ O$_3$ at lower temperatures[J]. Environmental science & technology, 2010, 44(1): 426 - 432.

第 2 章　飞 灰 特 性

燃煤电厂飞灰是由多种物质构成的混合物,因此,研究飞灰形成过程及其理化特性尤为重要。本章对不同类型电厂、不同煤样燃烧产生的飞灰进行理化特性分析,较为系统地阐述了燃煤飞灰的形成机理、表面形貌特征、元素分析、粒度分布特征等,应用 X 射线小角散射(small angle X-ray scattering,SAXS)技术对飞灰结构进行了分形维数等特征的分析和计算,为后续章节阐释飞灰对汞的吸附性能及其与汞的作用机理等奠定基础。

2.1　飞灰形成机理

燃煤飞灰是煤粉燃烧产生的副产品,火电厂燃用煤种、煤中灰的含量以及燃烧工况都存在差异,所产生的燃煤飞灰成分非常复杂,不同电厂飞灰组分千差万别。虽然飞灰在物质组成上非常复杂,但从化学组分、矿物质组成进行分类,主要包含有机组分和无机矿物质等。有机组分主要包括未燃尽的炭颗粒、源于石油焦和天然焦的其他炭颗粒,有些飞灰还包含少量原煤颗粒和有机挥发分;无机矿物质主要成分为 SiO_2、Al_2O_3、Fe_2O_3 和 CaO 等[1-2]。

在煤颗粒加热的初始阶段,颗粒中的有机物热解挥发,并在内部产生裂痕和破裂,使颗粒破碎为一些小的片段,此时产生大量的 CO_2、SO_2 和 SO_3,这些气体的产生进一步加剧颗粒的破碎,产生大量多孔颗粒。随着温度的升高,煤中的矿物质开始熔融,出现大量高黏度的熔化的灰分,温度逐步升高,灰分流动性不断增强,黏性降低,从而形成一些细小颗粒。另有研究表明,随着矿物质熔化成液体层,产生的气体可能会包含在其中,成为气泡,从而形成气液固三相,在中温时,气泡保持稳定,呈空心球体,在高温时,气泡破裂,产生很多细小的颗粒。当温度进一步升高,煤中的矿物质开始燃烧,产生大量的灰分,整个煤颗粒处在气相和固相的平衡中,一方面产生了灰分层,另一方面灰分层开始不断地脱落,而且灰分层随着气流的流动和颗粒的碰撞都会出现脱落。脱落的灰分层一部分形成细小的颗粒,一部分成为大的颗粒[3]。

飞灰按粒径可以分为两种,一种为亚微米灰(细颗粒),另一种为残灰颗粒(粗颗粒)[4]。亚微米灰的形成机理大致如下：煤中部分有机物从焦炭颗粒内气化,气化产物不断向外扩散,在焦炭边界遇氧发生反应,当无机蒸气达到饱和时,一部分气相组分发生均相成核,形成小颗粒,另一部分颗粒凝结到周围的已存在的颗粒中(即异相成核),同时,颗粒之间的相互碰撞引起凝聚,使颗粒不断增大。残灰颗粒的形成机理如下：残灰来源于大部分矿物质(大于99%),是焦炭燃尽后的固体残渣。在焦炭燃烧过程中,表面碳的氧化使包含其中的矿物颗粒裸露出来,在焦炭表面熔化形成球状灰滴,随着燃烧的进行,焦炭颗粒不断缩小,颗粒表面邻近的灰粒可相互接触,聚合在一起形成很大的灰粒,同时焦炭颗粒会发生破碎,生成许多大小不一的飞灰颗粒。

燃煤过程中矿物质形态转化及其迁移特性复杂,伴随着矿物质的物理变化或化学变化,或同时发生物理变化和化学变化,使得形成的飞灰颗粒的组成非常多样。关于飞灰颗粒形成机理的研究始于20世纪80年代初,重点主要集中在不同尺度颗粒形成机理及不同机理下所形成的典型粒径分布。研究认为煤燃烧过程中通过以下机理形成颗粒物[5]：① 焦炭破碎；② 内在矿物质凝聚和聚结；③ 外在矿物质破碎；④ 气化凝结,该过程主要包括矿物质气化、成核、蒸气在亚微米颗粒上的凝结及亚微米颗粒的凝聚等过程。通常在前三种形成机理下形成的颗粒为粗颗粒,也称为超微米颗粒(空气动力学直径为 $1 \sim 10\ \mu m$),而通过气化凝结形成的颗粒为细颗粒,也称为亚微米颗粒(空气动力学直径小于 $1\ \mu m$)。这种依据颗粒粒径进行分类的方法可以揭示颗粒物的形成机理,特别是对富集有害物质的细颗粒的形成机理具有重要的研究价值。

关于颗粒物特别是细颗粒的形成机理,国内外学者进行了大量的研究。王春梅[6]研究发现随着燃烧温度的升高,超细颗粒物的排放量是趋于增加的,并且随着 S 含量的增加,超细颗粒物的排放量趋于增大。吕建燊等[7]研究发现 PM_{10} 、 $PM_{2.5}$ 、 PM_1 的排放量并不是煤中灰分、固定碳或挥发分的单一函数。排放量的大小与煤中各组分在燃烧中的迁移、转化、富集等过程有关。Suriyawong 等[8]研究了 O_2 / CO_2 气氛下煤粉燃烧形成亚微米超细颗粒物的规律,发现随 O_2/CO_2 比值的增大,超细颗粒物生成量增加。Sheng 等[9]对煤粉在空气和 O_2/CO_2 气氛下燃烧对细颗粒物形成的影响进行了研究,当在两种气氛下 O_2 份额一致时,煤粉在 O_2/CO_2 气氛下燃烧生成的细颗粒物更多。Buhre 等[10]在研究氧气浓度对细颗粒物形成的影响时发现：当 O_2 浓度从 21% 提高到 50% 后,亚微米灰分产率增加。Takuwa 等[11]研究了在煤粉燃烧过程中添加高岭石对细颗粒物生成的影响,得出的结论是：高岭石能有效地捕获钠蒸气,捕获效率依赖于煤种。

飞灰颗粒的组成非常复杂,基于粒径分布的研究存在一定的局限性,因为即使是同一粒径段的颗粒,如果其组成不同,则形成的机理也会存在较大差别,因而出现了其他分类方式。① 基于化学组成的分类,主要依据飞灰中各元素的含量、地球化学结合关系、相关性等特点,将飞灰中主要矿物质成分分为三类:硅、铝、钾、钛和磷的氧化物;钙、镁、硫、钠和锰的氧化物;铁氧化物。② 依据化学成分的差异,可将飞灰分成四类:硅质;铁质;钙质;铁钙质。③ 依据飞灰中矿物质物相的含量和相关特征,可将飞灰分成三种不同的矿物质物相类型:玻璃相;石英＋莫来石;其他矿物质。④ 基于矿物质中火山灰的含量不同,又可将飞灰分成四类:惰性灰;活性灰;火山灰;混合灰。

　　由于煤形成的复杂地质原因和燃烧过程中的物理和化学变化,燃煤飞灰的粒径大小不同,表面高度褶皱,孔径各异并且表面具有相应分形特征。这些特点给燃煤电厂飞灰特性研究及对燃煤烟气中汞的吸附催化氧化等研究增加了极大的难度。由上述飞灰形成特性可以看出,飞灰的形成非常复杂,不仅与矿物质的组成、形成路径、粒径分布等因素有关,还与其工况条件有关,所形成的飞灰的形貌、粒径分布、元素组成及矿物质物相的含量和特性都会有很大差异。因此了解飞灰的形成及其形貌等特性,对研究飞灰对汞的吸附机理有非常重要的指导意义。

2.2　飞灰表面形貌特征

　　分析燃煤电厂飞灰对燃煤烟气中汞的脱除特性,首先需要掌握燃煤电厂飞灰自身的理化特性参数。燃煤电厂飞灰是由多种物质构成的混合物,主要包含未燃尽炭和尾矿颗粒,其中未燃尽炭又包含多种类型的碳的同素异构体,而碳的类型和含碳量受到燃煤电厂煤种、燃烧条件、锅炉特性等多种因素的影响,未燃尽炭的物理和化学性能表现各异,较为复杂。

　　为了研究飞灰的表面形貌,本章对上海某燃煤电厂飞灰进行采样,采用机械筛分的方法,将采得的燃煤电厂飞灰按照颗粒尺寸大小进行分类,形成不同组的飞灰样品[12]。根据颗粒的分布,采用 200 目、250 目、300 目、350 目和 500 目的钢丝筛,在高频振动筛中充分振动 1 h,将燃煤电厂飞灰分离为五种样品,其颗粒尺寸范围如下:大于 106 μm、75～106 μm、58～74 μm、48～57 μm 和 23～47 μm。为了后续讨论方便,分别将其命名为 AS1 飞灰、AS2 飞灰、AS3 飞灰、AS4 飞灰和 AS5飞灰。

　　根据机械筛分方法获取五种不同颗粒尺寸的飞灰,利用质量天平,称取筛分后的飞灰样品质量,计算其质量分数,结果如图 2.1 所示[12]。从图 2.1 可以看出,

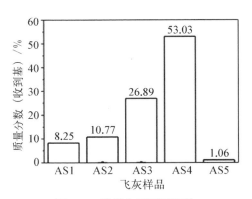

图 2.1　燃煤电厂不同颗粒尺寸飞灰质量分布

颗粒尺寸大小影响质量分布，除 AS5 飞灰样品外，颗粒尺寸的减小将导致飞灰质量分数增加，当飞灰颗粒尺寸减小到 48～57 μm 时，其质量分数最高，达 53.03%，而 AS1 飞灰样品的质量分数仅为 8.25%。

通过烧失量(loss of ignition，LOI)实验方法，获得原飞灰(简称原灰，以 Raw 表示)及五种不同颗粒尺寸飞灰的未燃尽炭含量(即质量分数，下同)。首先将原灰及五种不同颗粒尺寸飞灰样品盛放于坩埚中，放置于干燥箱，设定恒温 105℃，保持 1 h，除去飞灰中的水分，称得各飞灰样品干燥后的质量。随后将干燥后的飞灰样品置于马弗炉中，温度设定为 815℃，时间持续 0.5 h，灼烧去除飞灰中的有机物(碳)，称得灼烧后各飞灰样品的质量。烧失前后的质量差值与烧失前质量的比值即为飞灰的烧失量，如式(2.1)所示。

$$LOI = (G_1 - G_2)/G_1 \tag{2.1}$$

式中：G_1 为灼烧前飞灰的质量；G_2 为灼烧后飞灰的质量。

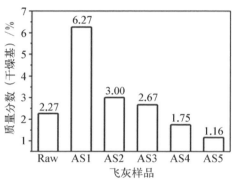

图 2.2 燃煤电厂不同颗粒尺寸飞灰及原灰中未燃尽炭含量

通过烧失量评定飞灰中的碳含量，即烧失量越高代表飞灰中的未燃尽炭含量越高。图 2.2 显示了不同颗粒尺寸飞灰及原灰中未燃尽炭含量的实验结果[12]。从图 2.2 可以看出，所有飞灰样品均表现出未燃尽炭含量低的显著特点，反映了飞灰的特性。其中原灰中未燃尽炭含量仅为 2.27%，五种不同颗粒尺寸飞灰的未燃尽炭含量范围为 1.16%～6.27%。同时，可以看出颗粒尺寸影响未燃尽炭的分布，随着颗粒尺寸的减小，未燃尽炭含量也同步减小。

通过扫描电子显微镜(scanning electron microscope，SEM)和能量色散 X 射线(energy dispersive X-ray，EDX)光谱仪对五种不同颗粒尺寸飞灰的微观结构和元素组成进行了测试，结果如图 2.3 所示[12]。

从 SEM 图中可以看出，一方面，飞灰形貌特征与其颗粒尺寸具有相关性，随着飞灰颗粒尺寸变小，其形貌逐渐由不规则变为微球状，颗粒尺寸较大的飞灰多表现出不规则形貌，而小尺寸飞灰颗粒以球形形貌为主，其中 AS5 飞灰样品的表面最光滑，而 AS1 飞灰样品的表面最为粗糙。另一方面，前述烧失实验结果表明，大颗粒尺寸飞灰所含的未燃尽炭较多。因此可以推断粗糙表面颗粒比光滑表面颗粒可能含有较高的未燃尽炭。

为了使实验结论更具有说服力和普遍性，选取上海另外三家电厂进行飞灰样品

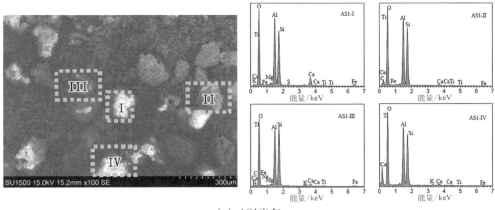

（a）AS1飞灰

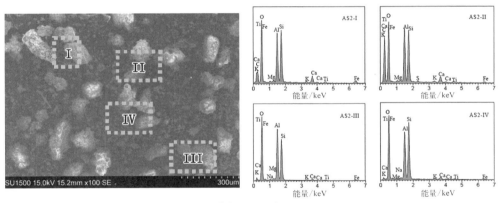

（b）AS2飞灰

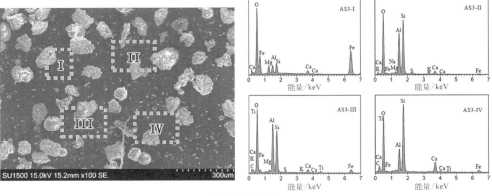

（c）AS3飞灰

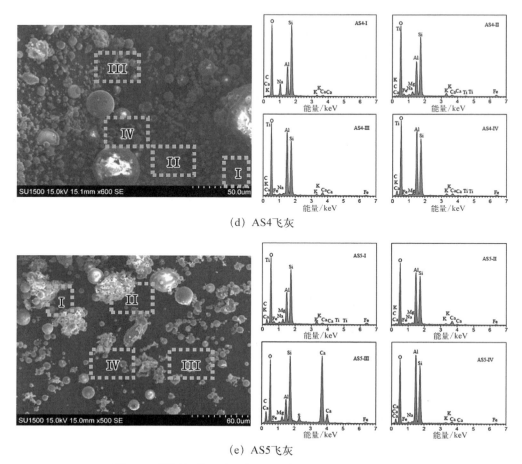

(d) AS4飞灰

(e) AS5飞灰

图 2.3 不同颗粒尺寸飞灰 SEM 表面形貌及其 EDX 图谱

的取样和分析[13]。电厂燃煤飞灰是一种细小的粉末颗粒,其中飞灰颗粒大小影响其孔容积、比表面积及孔径等物理参数,而这些参数又是影响燃煤飞灰对烟气污染物脱除效果的重要因素,所以了解燃煤飞灰颗粒的微观形貌特征非常重要。从 SEM 图中可以清晰地观察到从几微米到几十微米飞灰详细的形貌结构,如图 2.4～图 2.6 所示。实验中采用 150 目、200 目、300 目和 600 目的标准筛对飞灰样品进行筛分,150目筛的孔径为 100 μm,200 目筛的孔径为 74 μm,300 目筛的孔径为 47 μm,600 目筛的孔径为 25 μm。为了使数据表达更加简捷,并与前述电厂飞灰样品区分,定义该三家电厂各种飞灰的名称:原灰样过 150 目筛后留在筛上的飞灰颗粒称为 AS-1;剩余的原灰样过 200 目筛后留在筛上的飞灰颗粒称为 AS-2;穿过 200 目的原灰样过300 目筛后留在筛上的飞灰颗粒称为 AS-3;过 600 目筛后留在筛上的飞灰颗粒称为AS-4;穿过 600 目筛残留在底盘上的飞灰颗粒称为 AS-5;记原灰样为 OAS。各电

(a) 放大100倍的飞灰1表面结构　　　　　(b) 放大5 000倍的飞灰1表面结构

图 2. 4　电厂 1 原灰样的 SEM 照片

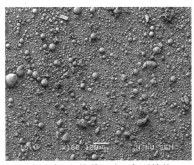

(a) 放大100倍的飞灰2表面结构　　　　　(b) 放大5 000倍的飞灰2表面结构

图 2. 5　电厂 2 原灰样的 SEM 照片

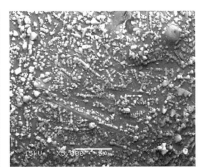

(a) 放大100倍的飞灰3表面结构　　　　　(b) 放大5 000倍的飞灰3表面结构

图 2. 6　电厂 3 原灰样的 SEM 照片

厂飞灰前面加上 DX，其中 X 取值为 1、2 和 3，分别表示电厂 1、电厂 2 和电厂 3。

　　图 2.4，图 2.5 和图 2.6 为三个电厂原灰样的 SEM 照片[13]，照片上的亮区是吸附剂表面突出部分，暗区为表面凹陷部分。从放大 100 倍的照片上可以看出，各种飞灰样品颗粒大小不一，形态结构相差很大，有球状、块状、片状、不规则形状等，但总体上主要是以球状存在，周围还有大量絮状、网状结构的集合体，大量的无定

形物与碎屑颗粒散落在大颗粒周围,不规则的燃煤飞灰细微颗粒具有由更细小且不规则的颗粒状物组成的特性,进一步说明了燃煤飞灰在空间结构和微观形貌上的复杂性。从放大 5 000 倍的照片上可以看出颗粒表面是无孔或者孔较少的球形微珠颗粒,分布较均匀,多以规则的大块球状存在,可以说明燃烧较完全。

为了深入研究电厂 1 中各种粒径范围(粒级)的飞灰对烟气汞的吸附机制,重点对电厂 1 制备的各粒级飞灰样品进行微观形貌特征的分析,如图 2.7 所示[13]。

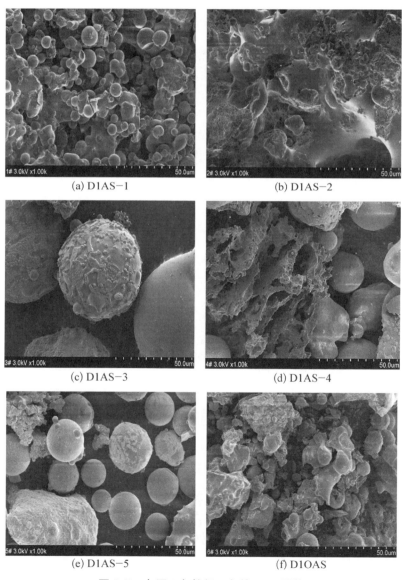

(a) D1AS—1

(b) D1AS—2

(c) D1AS—3

(d) D1AS—4

(e) D1AS—5

(f) D1OAS

图 2.7　电厂 1 各粒级飞灰的 SEM 照片

如图 2.7(b)所示,从燃煤飞灰放大 1 000 倍的 SEM 照片可以看出,粒径较大的颗粒表面比较粗糙,表面的微孔较多;而粒径较小的颗粒表面比较光滑,表面的微孔较少,如图 2.7(e)所示。飞灰样品中 D1AS-4 和 D1AS-5 的孔径小于仪器检测的最小值 2 μm,几乎无法测得。对飞灰样品 D1AS-2 进一步检测可知其孔容积较大,孔径较小,但是其比表面积最大,可推测样品 D1AS-2 中飞灰颗粒拥有着丰富的微孔,其微孔内空间丰富。

燃煤飞灰的比表面积、孔容积和孔径分布是影响飞灰对烟气汞吸附的重要因素。在一般情况下,比表面积和孔容积都随着颗粒粒径的减小而逐渐增大,所以飞灰颗粒大小是影响比表面积的重要参数。本节中飞灰样品采用由美国测微学(Micromertrics)公司生产的全自动比表面积和孔隙分析仪(Tri Star 3000 型孔径分布及比表面积仪)对飞灰样品进行测定。测定的方法大致如下:样品通过加热和抽真空脱气,然后称重,再被冷却于液氮中,在液氮温度下测定预先设定的不同压力点下被样品吸附的氮气量(样品的氮吸附量),然后通过计算机处理数据,从吸附等温线上计算得到比表面积、孔径分布和孔容积,如图 2.8～图 2.10 所示[13]。

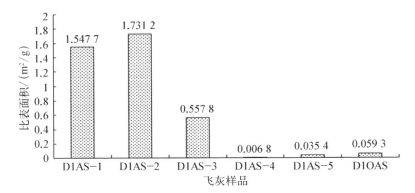

图 2.8　电厂 1 各粒级飞灰的比表面积

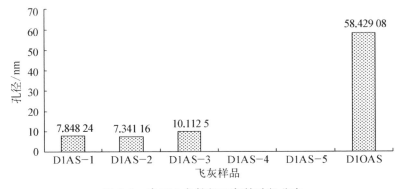

图 2.9　电厂 1 各粒级飞灰的孔径分布

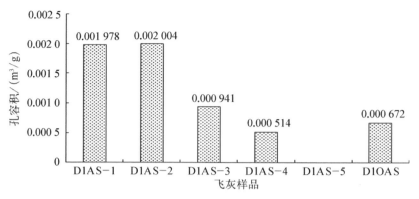

图 2.10　电厂 1 各粒级飞灰的孔容积

从图 2.8～图 2.10 可以看出,燃煤飞灰样品中 D1AS - 4 和 D1AS - 5 的孔径几乎为零,说明飞灰的孔径小于测试仪器的检测限 2 μm;而在图 2.10 中,样品 D1AS - 5 的孔容积无法测得,可能是由于飞灰颗粒太小,低于仪器的检测限。从图中可以看出,飞灰样品 D1AS - 2 的孔容积较大,孔径较小,比表面积最大,进一步推测样品 D1AS - 2 中飞灰颗粒拥有丰富的微孔,且其微孔内空间丰富。

2.3　飞灰元素分析

齐立强等[14]对国内多家电厂电除尘器收集的燃煤飞灰进行粒径化学成分分析,发现飞灰中硅、铝、铁、钙、镁等元素含量随着飞灰粒度呈一定规律变化,并对造成这种分布规律的机理进行了初步分析。在实验中,电除尘器飞灰中化学成分主要元素含量随粒度的变化有一定的规律。SiO_2 含量随粒度变小逐渐降低,Al_2O_3 含量则随着粒度的减小而逐渐增加。Fe_2O_3、CaO 和 MgO 的含量随粒度变化很小,但仍可看出一定规律:Fe_2O_3 含量随粒度变小逐渐降低,而 CaO 和 MgO 的含量随粒度变小有增加的趋势,但不明显。

除此之外,赵承美等[15]利用电子探针对单个颗粒的成分进行分析,根据成分将燃煤飞灰分为硅铝质、钙质、铁质和有机质四种类型,其中硅铝质飞灰以 SiO_2 和 Al_2O_3 为主要成分,铁质飞灰以 Fe_2O_3、SiO_2 和 Al_2O_3 为主要成分,钙质飞灰以 CaO、SiO_2 和 Al_2O_3 为主要成分。

与前人大量的统计结果比较发现,大部分元素的含量相近,只有 CaO 含量较高,主要原因是添加了石灰石作为脱硫剂,与此同时,飞灰中 SO_3 的含量也随之偏高。Fe_2O_3、CaO、TiO_2、P_2O_5 和 MnO_2 含量则随着粒度的减小而逐渐增加,MnO_2、Na_2O、Al_2O_3 和 MgO 的含量随粒度变化很小。这主要是由小颗粒的大比表面积所致,而 SiO_2 含量随颗粒粒度的减小而减小。

在颗粒燃烧的过程中,靠近颗粒附近的 O_2 参与了飞灰的燃烧反应,而煤颗粒中的 C 除了完全燃烧之外,还可能生成 CO 等还原性气体,在靠近颗粒的表面形成还原性的环境。在颗粒周围的气氛中,O_2 的浓度增高,CO 还原性气体的浓度降低,在灰分层的外部形成氧化环境。在飞灰颗粒表面的还原性气氛下,可以生成更多的还原性元素,同时也能富集低挥发性的氧化物,而 SiO_2 为难挥发性氧化物,在这个过程中,SiO_2 较为稳定,在大颗粒中就出现了一定的富集。袁春林等[16]对我国上百家火电厂的燃煤飞灰的主要成分进行研究,SiO_2、Al_2O_3、Fe_2O_3、CaO 等四种组分占我国火电厂飞灰化学成分的近 90%,其他组分所占比例较小。

本章选取上海某燃煤电厂(A 电厂)的飞灰,并用五个不同粒径的筛子进行筛分[17],采用 150 目、200 目、300 目和 600 目的标准筛对 A 电厂飞灰进行筛分,150 目筛的孔径为 100 μm,200 目筛的孔径为 74 μm,300 目筛的孔径为 47 μm,600 目筛的孔径为 25 μm。

为确定飞灰样品中的各种元素组成,采用 Nova Nano SEM 430 超高分辨率热场发射扫描电子显微镜对 A 电厂不同粒径飞灰进行表面成分分析。能谱分析的结果如表 2.1～表 2.6[17]所示。从能谱分析结果可以看出,不同粒径飞灰样品中主要含有 Si、Al、Ca、Ni、K、Mn、Na 等金属元素。在所有粒径飞灰颗粒中,除了 O 元素和 Si 元素含量最多以外,其中,较细的飞灰中铁含量较高,而粒径较大的飞灰中铁含量较低,200～300 目飞灰颗粒中有很高的 Fe 含量,达到 10.83%,而 150～200目飞灰颗粒中 Fe 含量最低,只有 2.56%,但 Al 元素含量较高,达到 19.4%。所有的飞灰样品中 Al 含量在较粗的飞灰中较高,而 Ca 含量较多的样品有 150 目筛上灰和 600 目筛下灰,可以推测含有 Ca 的化合物颗粒大小较为不均匀,主要分布在最粗和最细的颗粒中。

表 2.1　150 目筛上飞灰能谱分析结果

元　素	O	Si	Al	Ca	Fe	C	Na	Mg	K	S
质量分数/%	45.70	24.48	8.98	8.70	5.72	1.02	1.41	1.13	1.58	1.28
原子分数/%	61.88	18.89	7.22	4.71	2.22	0.99	1.33	1.01	0.88	0.87

表 2.2　150～200 目飞灰能谱分析结果

元　素	O	Si	Al	Ca	Fe	Na	K	Ti
质量分数/%	48.71	22.99	19.40	3.58	2.56	0.99	0.92	0.85
原子分数/%	63.40	17.05	14.98	1.86	0.95	0.90	0.49	0.37

表 2.3 200～300 目飞灰能谱分析结果

元　素	O	C	Si	Al	Fe	Ca	Ti	Mn	Na
质量分数/%	42.85	13.57	13.85	11.83	10.83	2.79	2.63	1.20	0.45
原子分数/%	52.39	22.21	9.70	8.62	3.81	1.37	1.08	0.43	0.39

表 2.4 300～600 目飞灰能谱分析结果

元　素	O	Si	Al	Fe	Ca	Na	K	Ti
质量分数/%	49.14	24.90	12.95	7.00	3.32	0.72	1.09	0.88
原子分数/%	65.01	18.77	10.16	2.66	1.76	0.66	0.59	0.39

表 2.5 600 目筛下飞灰能谱分析结果

元　素	O	Si	Al	Ca	Fe	Na	K	Ti
质量分数/%	54.93	15.60	12.41	8.19	6.58	0.97	0.71	0.61
原子分数/%	70.89	11.46	9.50	4.22	2.43	0.87	0.37	0.26

表 2.6 原灰能谱分析结果

元　素	O	Si	Al	Ca	Fe	Na	K	Ti
质量分数/%	50.67	21.48	18.68	3.56	3.07	0.53	0.94	1.07
原子分数/%	65.46	15.81	14.32	1.84	1.14	0.47	0.50	0.46

采用 X 射线荧光光谱仪对 A 电厂不同粒径飞灰进行氧化物及元素含量的分析,了解和掌握各个样品中主要氧化物的含量,对于配制模拟飞灰具有一定的指导作用,也为更加深入地研究飞灰与烟气汞的作用机理做好准备。测试结果如表 2.7 所示[17]。

表 2.7 A 电厂不同粒径飞灰的氧化物组成成分

名　称	质量分数/%									
	MgO	Al$_2$O$_3$	SiO$_2$	K$_2$O	CaO	TiO$_2$	MnO$_2$	Fe$_2$O$_3$	SrO	其他
150 目筛上飞灰	0.554	34.500	43.700	0.935	4.730	1.390	0.098 7	12.500	0.188	1.404 3
150～200 目飞灰	—	34.300	42.700	0.942	4.650	1.390	0.106	13.700	0.187	2.025
200～300 目飞灰	0.575	24.747	33.340	0.972	6.026	1.161	0.156	30.793	0.199	2.031
300～600 目飞灰	0.605	22.300	30.441	0.883	9.550	1.260	0.210	32.200	0.301	2.250
600 目筛下飞灰	1.180	23.300	36.700	0.895	9.640	1.160	0.171	25.200	0.264	1.490
原灰	—	24.300	33.700	1.020	6.910	1.380	0.194	30.400	0.280	1.816

由表 2.7 可知,在所有氧化物中,Al_2O_3、SiO_2 和 Fe_2O_3 的含量是最多的,150 目筛上飞灰和 150～200 目飞灰中含有较多的 Al_2O_3 和 SiO_2,但是 Fe_2O_3 的含量较少;与 150 目筛上飞灰和 150～200 目飞灰相比,200～300 目飞灰、300～600 目飞灰和 600 目筛下飞灰的 Fe_2O_3 含量较多,而 Al_2O_3 和 SiO_2 含量较少,由此可推测含有 Al_2O_3 和 SiO_2 的化合物存在于较大粒径的飞灰颗粒中,含有 Fe_2O_3 的化合物则存在于较小粒径的飞灰颗粒中;CaO 的含量几乎是随着粒径的增大而减少,可以反映出含有 CaO 的化合物分布在较细的飞灰颗粒中;在所有的飞灰样品中 TiO_2、K_2O、MnO_2、SrO 的含量是最为稳定的,说明这四种物质的分布特性与原灰样的分布几乎是一样的。因此为了研究飞灰不同组分对烟气汞的吸附作用,除了未燃尽炭以外,就要看 Al_2O_3、SiO_2 和 Fe_2O_3 各成分在对烟气汞的吸附中的贡献作用。

2.4 飞灰粒度分布特征

通过对上文的电厂 1 和电厂 2 进行实验比较以及飞灰的特性分析,探索电厂尾部烟道飞灰对烟气中重金属汞的脱除作用。电厂 1 和电厂 2 不同尾部烟道位置的飞灰粒径分布如图 2.11 和图 2.12 所示[13]。

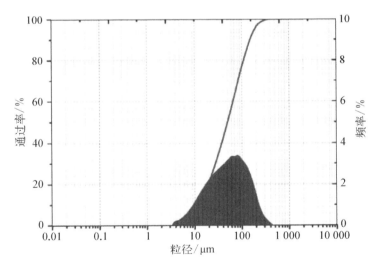

图 2.11　电厂 1 飞灰的粒径分布图

由图 2.11 可以看出空气预热器内的燃煤飞灰的粒径分布比较分散,颗粒分布相对较均匀,主要集中在 10～150 μm 的飞灰颗粒较多,这主要是因为经过锅炉燃烧后的飞灰颗粒随着烟气流过空气预热器,里面含有较多的大小不一的燃煤飞灰颗粒,又因为其本身只有加热和再热作用,没有除尘能力,所以飞灰粒径分布图显示的峰

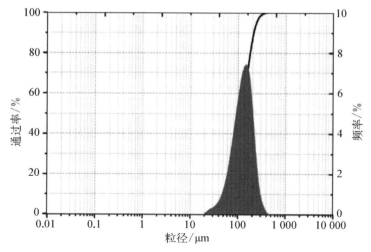

图 2.12 电厂 2 飞灰的粒径分布图

值较低且较为分散。从图 2.12 的阴影部分可以看出,静电除尘器(electrostatic precipitators,ESP)处的电厂飞灰粒径分布相对紧凑,其一说明了燃煤飞灰颗粒较大且集中;其二反映了静电除尘器中存在大部分烟气中的飞灰,其中大于 $100~\mu m$ 的颗粒约占原灰样的 60%;其三说明了被静电除尘器脱除下来的飞灰颗粒较大,只有较少的细颗粒飞灰透过静电除尘器进入脱硫塔。

2.5 飞灰的 SAXS 扇形积分及分形维数计算

小角 X 射线散射(small angle X-ray scattering,SAXS)可用于研究单分散和多分散颗粒体系:对于单分散体系,用 SAXS 可得到颗粒尺寸、形貌、颗粒的内部结构等信息;对于多分散体系,可以通过计算得到颗粒的尺寸分布。SAXS 是一种非破坏性的分析方法,具有很多优势,适用范围广,固态和液态样品都适用,可以直接测量体相材料,有较好的粒子统计评价性。本节对飞灰进行了 SAXS 扇形积分与分形维数的计算。

采集上海两个燃煤电厂(电厂 S 和电厂 Y)的燃煤飞灰作为研究对象,简称 SO 飞灰和 YO 飞灰。在上海光源的小角 X 射线散射光束线/实验站(BL16B1)进行了 SO 飞灰和 YO 飞灰的 SAXS 分析实验,其光源类型和参数如下:弯铁光源,电子能量 3.5 GeV;自然水平发射度 3.9 nm·rad;流强 300 mA;磁场强度 1.27 T。使用 Fit2D 软件调用 SAXS 实验数据,选择合适的扇形区域,对其进行积分,结果如图 2.13 和图 2.14 所示[18]。

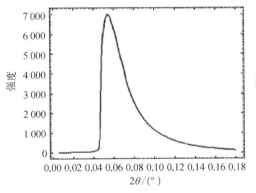

图 2.13 SO 飞灰扇形积分图

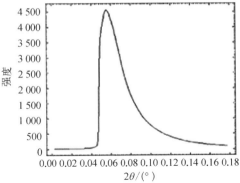

图 2.14 YO 飞灰扇形积分图

通过扇形积分图可以得到 SO 飞灰和 YO 飞灰的 SAXS 最大散射强度分别为 7 010 和 4 580。进一步对两个电厂飞灰进行分形维数计算,结果如图 2.15 和图 2.16 所示[18],SO 飞灰、YO 飞灰的分形维数分别为 2.516 8 和 2.513 0。各飞灰之间分形维数较为相近,均在 2.5 左右,考虑到飞灰是以硅铝盐为主要成分的混合物,并且成分比较复杂且不尽相同,可见分形维数对飞灰汞吸附效率没有直接的影响。

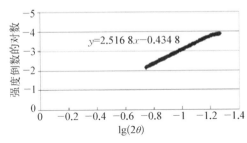

图 2.15 SO 飞灰分形维数计算结果

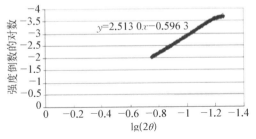

图 2.16 YO 飞灰分形维数计算结果

2.6 本章小结

本章对多个电厂飞灰理化特性进行测试分析,为后续对燃煤飞灰与烟气汞的作用机制进行研究提供了基础数据。主要结论如下:

(1) 燃煤飞灰是煤燃烧生成的副产品,其主要成分包括未燃尽炭等有机组分与 SiO_2、Al_2O_3、Fe_2O_3 和 CaO 等无机矿物质。飞灰按粒径大小可分为亚微米灰和残灰颗粒,亚微米灰主要由煤燃烧时的气化凝结产生,而残灰颗粒主要由煤燃烧时的焦炭破碎、内在矿物质凝聚和聚结、外在矿物破碎等产生。

（2）燃煤飞灰在空间结构和微观形貌上较为复杂,各种飞灰样品颗粒大小不一,微观形态结构相差很大,总体上以球状为主,周围还有大量絮状、网状结构的集合体,大量的无定形物与碎屑颗粒散落在大颗粒周围。细颗粒飞灰的高倍率 SEM 测试结果表明,燃烧较为完全的飞灰颗粒表面以无孔或孔较少的球形微珠颗粒为主,分布较为均匀,多以规则的大块球状存在。

（3）从飞灰的化学组成分析,各粒径飞灰样品中主要含有 Si、Al、Ca、Ni、K、Mn、Na 等金属元素。200～300 目飞灰中有很高的 Fe 含量,而 150～200 目飞灰中 Fe 含量最低,但 Al 元素含量较高。

（4）空气预热器出口的燃煤飞灰分布较为分散且均匀,大于 $100~\mu m$ 的飞灰颗粒较多,经过静电除尘器,较大颗粒飞灰被捕集后,飞灰粒径较小且分布相对紧凑。

（5）采用 SAXS 对飞灰分形维数进行了计算,所研究的飞灰的分形维数较为相近,均在 2.5 左右,飞灰的分形维数对其汞吸附效率没有直接影响。

参 考 文 献

［1］孙俊民,韩德馨.煤粉颗粒中矿物分布特征及其对飞灰特性的影响[J].煤炭学报,2000, 25(5)：546－550.

［2］郭欣,郑楚光,孙涛.电厂煤飞灰颗粒物的物理化学特征[J].燃烧科学与技术,2005,11(2)： 192－195.

［3］屈成锐,赵长遂,段伦博,等.燃煤超细颗粒物形成机理及其控制的研究进展[J].热能动力工程,2008,23(5)：447－452,552.

［4］于敦喜,徐明厚,易帆,等.燃煤过程中颗粒物的形成机理研究进展[J].煤炭转化,2004, 27(4)：7－12.

［5］刘思琪,牛艳青,温丽萍,等.煤焦燃烧过程中细模态颗粒物的生成机理及研究进展[J].洁净煤技术,2019,25(3)：9－18.

［6］王春梅.煤燃烧超细颗粒物生成与控制的实验研究[D/OL].武汉：华中科技大学,2004 [2020－05－06].https://cc0eb1c56d2d940cf2d0186445b0c858.vpn.njtech.edu.cn/KCMS/ detail/detail.aspx?dbcode＝CMFD&dbname＝CMFD0506&filename＝2005035013.nh&v＝ MDY4OTJGQ25sV3IvUFYxMjdHN083RzlITnJKRWJJQSVI4ZVgxTHV4WVM3RGgxVDN xVHJXTTFGGckNVUjdxZll1WnA=.

［7］吕建燚,李定凯.不同煤粉燃烧对一次颗粒物排放特性的影响[J].燃烧科学与技术,2006, 12(6)：514－518.

［8］SURIYAWONG A, GAMBLE M, LEE M H, et al. Submicrometer particle formation and mercury speciation under O_2/CO_2 coal combustion[J]. Energy & fuels, 2006, 20：2357－ 2363.

［9］SHENG C D, LI Y, LIU X W, et al. Ash particle formation during O_2/CO_2 combustion of pulverized coals[J]. Fuel processing technology, 2007, 88：1021－1028.

[10] BUHRE B J P, HINKLEY J T, GUPTA R P, et al. Submicron ash formation from coal combustion[J]. Fuel, 2005, 84: 1206-1214.

[11] TAKUWA T, NARUSE I. Emission control of sodium compounds and their formation mechanisms during coal combustion[J]. Proceedings of the combustion institute, 2007, 31: 2863-2870.

[12] 何平.燃煤飞灰与烟气中汞的作用实验与机理研究[D/OL].上海:上海交通大学,2017[2020-05-06]. https://kns.cnki.net/KCMS/detail/detail.aspx?dbcode=CDFD&dbname= CDFDLAST2019&filename=1019610369.nh&uid=WEEvREcwSlJHSldRa1FhcEFLUm ViU1FCRTAyeWdrSHU3Rit5MHpzYmtMbz0=＄9A4hF_YAuvQ5obgVAqNKPCYcEjK ensW4IQMovwHtwkF4VYPoHbKxJw!!&v=MDE5NzJGeXpVVzc1ZGMjZGN1c1SHR MS3BwRWJJQSVI4ZVgxTHV4WVM3RGgxVDNxVHJXTFTGTFckNVUjdxZll1WnA=.

[13] 潘雷.燃煤飞灰与烟气汞作用机理的研究[D/OL].上海:上海电力学院,2011[2020-05-06]. https://cc0eb1c56d2d940cf0186445b0c858.vpn.njtech.edu.cn/KCMS/detail/detail.aspx? dbcode=CMFD&dbname=CMFD2012&filename=1011305213.nh&v=MDM0NzBac EZDbm1VTC9OVkYyNkg3QzRSHOVBOckpFYlBJUjhlWDFMdXhZUzdEYDFFUM3FUcldN MUZyQ1VSN3FmWXU=.

[14] 齐立强,原永涛,纪元勋.燃煤飞灰化学成分随粒度分布规律的试验研究[J].煤炭转化, 2003,26(2): 87-90.

[15] 赵承美,孙俊民,邓寅生,等.燃煤飞灰中细颗粒物(PM$_{2.5}$)的物理化学特性[J].环境科学研究,2004,17(2): 71-73,80.

[16] 袁春林,张金明,段玖祥,等.我国火电厂粉煤灰的化学成分特征[J].电力环境保护,1998, 14(1): 9-14.

[17] 王鹏.非碳基吸附剂对燃煤烟气汞的作用机理研究[D/OL].上海:上海电力学院,2012 [2020-05-06]. https://cc0eb1c56d2d940cf0186445b0c858.vpn.njtech.edu.cn/KCMS/ detail/detail.aspx?dbcode=CMFD&dbname=CMFD201301&filename=1012503012.nh&v= MjkxNjhIZEhOclpFYlBJUjhlWDFMdXhZUzdEYDFFUM3FUcldNMUZyQ1VSN3FmWXVac EZDbm1VYi9MVkYyNkhMYTQ=.

[18] 施雪,张锦红,吴江,等.燃煤飞灰与烟气汞作用的实验研究[J].华东电力,2014,42(1): 189-192.

第 3 章　飞灰中汞含量及其形态

汞是环境中毒性最强的金属元素之一,不同形态的汞排放特性不一样,对人类健康和生态环境的危害也不同。燃煤飞灰中含有汞,是电厂烟气汞排放的重要组成部分,因此对飞灰中汞的含量及其形态的研究显得尤为重要。本章研究了飞灰中的汞含量及其形态,对燃煤飞灰中的汞含量及其形态分布进行了分析:燃煤飞灰中存在活性汞、半活性汞和无活性汞等三种形态,且半活性汞含量较多;这三种形态的汞是以相互混合、类似一个整体的状况赋存在燃煤飞灰中。本章研究飞灰中碳和无机物对汞的影响,对飞灰样品进行汞含量的分析,得出:飞灰中的碳含量不能决定飞灰中汞的含量,碳含量和汞含量之间是非线性关系;飞灰中的无机物是由许多化学元素组成的复杂混合物,这些无机组分影响着飞灰中的汞含量。通过对烟气中汞吸附的影响因素分析得到,飞灰中无机物成分对飞灰吸附汞性能的影响差异性较小,但飞灰残炭量对飞灰吸附汞性能的影响差异性较大。飞灰中对烟气汞的捕捉起主要作用的是残炭量,这与飞灰中残炭量是影响烟气中汞形态变化的主要因素是一致的。这些研究成果将为后续飞灰吸附剂的开发及飞灰脱除烟气汞的基础研究和技术应用奠定基础。

3.1　飞灰中的汞含量

飞灰是火力发电等燃煤过程中生成的熔点较高、成分较为复杂的副产物,其生成量大,成本较低,具有一定的化学活性和吸附特性,可作为水泥及建材行业的原材料进行利用。燃煤电厂飞灰具有催化氧化吸附烟气中单质汞的化学特性,与活性炭吸附燃煤烟气中的汞相比,燃煤电厂飞灰易得且价格低廉,因此,采用飞灰作为燃煤烟气汞脱除的吸附材料在经济性上具有明显的优势。

燃煤飞灰的理化特性对其脱除烟气中的汞具有重要影响。燃煤飞灰是由多种物质构成的混合物,主要包含未燃尽炭和尾矿颗粒,其中未燃尽炭又包含多种类型的碳的同素异构体,而碳的类型和含碳量主要受到燃煤电厂的煤种、燃烧条件、锅炉特性等多种因素影响,因此,未燃尽炭的理化特性表现各异,较为复杂。尾矿主要包括硅铝酸盐以及含量较少的其他矿物质,其矿物学性能也比较复杂。燃煤飞灰成分复杂,含量迥异,诸多不确定性给燃煤飞灰对烟气中汞的吸附催化氧化研究、探索飞灰特性与汞吸附之间的关系带来一定难度。克服吸附材料的随机性和不确定性,获得共性的作用规律,指导燃煤飞灰吸附剂的开发,成为燃煤飞灰脱除烟气汞的基础研究和技术应用的关键所在。

国外对燃煤飞灰中汞的研究较早,20 世纪 70 年代就有学者对原煤、底灰和飞灰中汞的富集因子进行了计算[1]。Galbreath 等[2]的研究表明:燃煤飞灰中的汞主要为 Hg^0 和 Hg^{2+},Hg^{2+} 主要的存在形式为 $HgCl_2$ 和 HgO,且主要以物理和化学吸附态存在于飞灰中的炭粒表面。由于飞灰中含有较多的未燃尽炭,许多学者通过研究发现,利用燃煤飞灰可进行烟气脱汞[3-5],并且飞灰中碳含量越高,汞含量越高[4]。然而,并非飞灰中所有碳对汞都有吸附能力[6],飞灰中不同形态的碳对飞灰的汞吸附能力有较大影响[7]。此外,燃煤飞灰对汞的吸附能力不仅与飞灰的类型、比表面积有关[8],还与其中的含铁矿物质、氯的含量以及硅酸盐矿物质的种类有关[8-9]。

国内对飞灰中汞的研究日益重视,20 世纪 90 年代起研究不断深入,方兴未艾。王起超等[10-12]对燃煤飞灰中汞的丰度及赋存状态进行研究,结果表明:汞在燃煤飞灰中会得到不同程度的富集,飞灰粒度越小,汞的富集程度越高,90% 以上的汞赋存在粒度小于 0.125 mm 的颗粒中,并呈现出表面富集的特征。孔火良等[13]指出:汞元素在固态产物中的分布以富集因子来衡量,燃煤飞灰的颗粒粒径越小,汞的富集因子越大,并且煤在燃烧过程中工况条件的变化对汞的富集程度也有较大的影响。姚多喜等[14]通过研究发现汞的富集程度从褐煤、肥煤到无烟煤依次增高,并且汞在飞灰中的富集情况取决于煤燃烧方式、炉温和气氛等多种人为条件的影响。由于燃煤烟气冷却后,部分汞会通过物理和化学吸附作用附着于飞灰组分颗粒表面,王立刚等[15]对飞灰中汞的吸附特性进行了研究,发现汞吸附量随飞灰烧失量的增长而增大,并且飞灰中的残炭组分对汞有较强的亲和作用,可用作吸附剂以控制燃煤烟气中的汞污染。汞吸附量随飞灰烧失量的增长而增大,但其前提必须是飞灰的微观结构及表面化学性质(如含硫量)相似[16]。此外,残炭对汞的吸附性能还与烟气温度及烟气成分如氧气、氯化物、氮氧化物等密切相关[17-19]。除了含碳量,燃煤飞灰对汞的吸附能力还与飞灰粒径、比表面积以及吸附于飞灰表面的其他元素的物理和化学性质有关[20-22]。研究还发现,飞灰、烟气和汞三者之间的非均相反应是汞形态转化反应的主要形式,烟气成分和飞灰类型是影响烟气中汞转化的主要因素[23]。赵永椿等[24]研究表明,飞灰中汞的含量与其含碳量和比表面积并无明显的相关性。为提高燃煤飞灰对汞的吸附脱除效果,燃煤飞灰的改性成为重要研究方向,如以燃煤飞灰为主要原料,加入工业石灰,并加入 $NaClO_2$、$Ca(ClO)_2$、$NaCl$

和 KMnO$_4$ 等添加剂,采用消化方法制备"富氧型"改性吸收剂[25],或采用 NaBr 和 NaCl 溶液对燃煤飞灰基烟气脱汞吸附剂进行浸渍改性[26]等。

飞灰中总汞含量与飞灰的比表面积和平均粒径存在一定的相关性。江贻满等[21]指出,颗粒粒径越小,比表面积越大,飞灰对汞的吸附性能趋于提高。这充分表明,飞灰中的汞呈表面富集状态,即汞主要是聚集在颗粒物的表面。对磁性物质进行总汞含量的测定,结果显示磁性物质中未含有汞,这表明燃煤飞灰中的汞不赋存在磁性物质中。这与 Abad-Valle 等[9]的研究结果是相吻合的,飞灰中的铁对汞没有吸附能力。为进一步了解燃煤飞灰中汞的赋存状态,梁红姬[27]对燃煤飞灰中三种不同形态的汞含量分别进行提取分析,结果如图 3.1 所示。

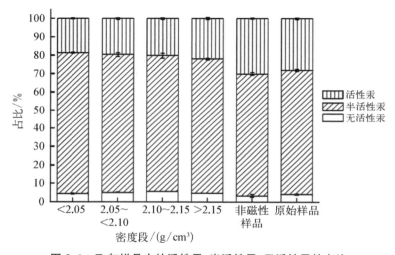

图 3.1　飞灰样品中的活性汞、半活性汞、无活性汞的占比

从图 3.1 中三种形态汞含量所占的百分比可知,该燃煤飞灰样品中三种形态的汞都存在,且半活性汞含量较多,占总汞的 66.8%~77.1%,其次是活性汞,占总汞的 18.5%~28.1%,含量最少的无活性汞仅占总汞的 3.2%~5.5%。这主要是与电厂燃烧的煤种有关,从各种不同形态的汞所占的比例可知,入炉煤中钙含量较高,而氯含量较少,属于低氯煤。Galbreath 等[2]的研究结果显示,煤中氯含量与汞的氧化水平明显呈正相关关系,即如果煤中的氯含量较低,则汞的氯化反应也会相应减弱许多。并且,煤中的钙在燃烧过程中倾向于与氯发生反应,这样就削弱了汞的氯化反应,因而造成燃煤烟气中 Hg^0 含量显著高于 Hg^{2+} 和其他形态的汞。此外,从图 3.1 可看出,经过重力浮选和磁力浮选的燃煤飞灰样品,尽管总汞浓度不一样,但不同形态汞的比例却变化不大,这表明三种不同形态的汞有可能是以一种相互混合、类似一个整体的状况赋存于燃煤飞灰中,并不是分开赋存于燃煤飞灰不同的物质中。

3.2　飞灰中碳对汞的影响

飞灰中的碳对烟气中汞的吸附作用一直是国内外研究的热点。有研究表明对于低浓度的汞（小于 200 μg/m³），飞灰中的未燃尽炭（UBC）比活性炭对汞的吸附效果要好，可以作为很好的吸附材料[28-29]。

许多研究者认为飞灰对汞吸附的强弱主要取决于其碳含量[30]。采用在 950～1 000℃下高温灼烧的方式对飞灰中的残炭含量进行测试，发现飞灰中残炭含量的增加有利于燃煤烟气中汞的脱除，对汞的吸附和氧化性能随着飞灰中未燃尽炭含量的增加而增加[31-32]。有学者试图把汞的吸附能力和未燃尽炭的比表面积联系在一起[33]。Lopez-Anton 等[34]认为未燃尽炭可基于来源和组织结构进行分类：① 颗粒的各向同性与各向异性的结构；② 熔融/非熔融特性；③ 未燃尽炭的结构和形态，如块状密实颗粒，泡状、多孔、不规则的颗粒；④ 来源于煤或其他燃料。他们研究了 Hg^0 和 $HgCl_2$ 吸附和未燃尽炭类型间的关系，认为飞灰捕集不同形态的汞主要取决于各向异性颗粒。

Goodarzi 等[35]研究了褐煤、次烟煤、中高挥发分的烟煤及其混煤以及煤与石油焦混合物，通过美国材料与试验协会（ASTM）标准方法及冷原子系数光谱方法确定煤和飞灰中碳和汞的成分，飞灰中的碳用强酸 HCl 和 HF 进行富集，碳的定性和定量分析通过反射光显微镜测得。结果表明，飞灰的含碳量与煤系成煤过程中的沉积环境和煤的级配有一定的关系。飞灰捕集的汞主要取决于原料煤的级配和掺和程度以及飞灰中碳的种类，飞灰中碳的含量并不能决定汞的捕集量，而碳的存在类型（各向同性和各向异性玻璃质、各向同性矿化和各向异性焦油）、卤素含量、飞灰控制装置的类型以及飞灰控制装置的温度都对汞的捕集起着重要作用。

Hassett 等[3]研究表明：燃煤飞灰中不同类型的碳和汞之间有不同的吸附能力，燃煤飞灰的无机成分对汞的吸附与飞灰中的碳对汞的吸附可能具有不同的机理。选择不同煤种的飞灰、不同烧失量成分及不同碳形式进行混合，结果表明汞和碳成分之间有直接联系，但与高含碳量和低含碳量并没有直接联系。

Kostova 等[6]认为由不同级别的煤种燃烧产生的不同形式的碳对汞的吸附作用不同，低品质煤燃烧产生的飞灰碳比无烟煤燃烧产生的飞灰碳对汞的吸附效率更高，一些低碳和低汞的飞灰与 C/Hg（碳汞比）之间并没有确定的关系。

有研究表明飞灰中的未燃尽炭不仅对汞有脱除作用，对汞的氧化也起到很重要的作用。汞吸附可能与未燃尽炭的表面官能团（O、S、Cl）有关，研究表明未燃尽炭的表面含氧官能团能够促进汞吸附[36]。相反，也有研究认为活性炭的含氧官能团对汞吸附没有影响[37]，甚至在一定情况下会降低汞的物理吸附[38]，未燃尽炭的粒径、表面积、多孔性质、表面化学性质等都会影响汞的吸附[39]。

Serre 等[4]的研究发现飞灰中碳的含量对 Hg⁰ 的吸附有很强的影响。这些结果是在 Hg⁰ 浓度为 4 mg/m³ 和温度为 121℃的情况下获得的。尽管这种浓度比城市垃圾焚烧炉烟气中常见的浓度高出 1 倍,但它能获得相对好的吸附能力。碳含量为 2%的 Nixon 飞灰吸附了最少的 Hg⁰,吸收了 30.7 ppm;碳含量为 8.7%的 Cherokee 飞灰平均吸收了 108 ppm;另两种碳含量高的飞灰吸附了最多的 Hg⁰:碳含量 32.7%的 Clark 飞灰吸收了 340 ppm,而碳含量 35.9%的 Huntington 飞灰则吸收了 807 ppm,如图 3.2 所示[4]。可以从图 3.2 中得出结论,汞吸附量随着飞灰碳含量的增加而增加,但吸附汞的水平与碳含量并非成正比,例如在比较 2%和 35.9%碳含量的飞灰时,没有观察到 18 倍的增长,吸收能力可能不仅仅取决于飞灰的碳含量。通过扫描电子显微镜(SEM),研究了 Clark 飞灰(碳含量 32.7%、65 m²/g)和 Huntington 飞灰(碳含量 35.9%、64 m²/g)的表面形态,以便更好地理解为什么 Huntington 飞灰吸收的汞是 Clark 飞灰的 2 倍,而两者的碳含量和 BET 比表面积是相似的。SEM 图像显示,Clark 飞灰的表面相对光滑,表面孔隙度有限,而 Huntington 飞灰的表面覆盖着较大的孔隙,其内部也比 Clark 飞灰内部具有更多的孔。Huntington 飞灰的高孔隙度提供了更优越的进入飞灰内部吸附的途径,有助于解释其吸附能力的提高。

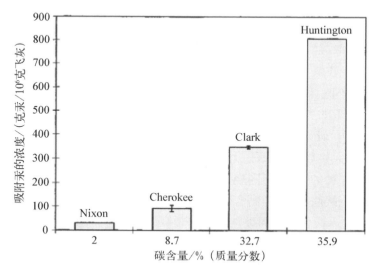

图 3.2　温度 121℃条件下,不同碳含量飞灰对汞的吸附量

为了研究飞灰对汞脱除的影响,需要对所有飞灰样品进行汞含量的分析。实验对常温 20℃,以及经 300℃、450℃和 600℃灼烧后的飞灰样品进行汞含量测试,选取了八个不同飞灰样品,分别取自 350 MV、325 MV、125 MV、660 MV、300 MV、

135 MV、600 MV 和 375 MV 燃煤电厂锅炉的静电除尘器入口处，其所用的煤样分别为神府煤与大同煤 3∶1 的混煤、大同烟煤、贫瘦煤、淮南新集煤、神木煤、平顶山烟煤、兖州煤和西山煤，其燃烧产生的飞灰样品分别定义为 FA1、FA2、FA3、FA4、FA5、FA6、FA7 和 FA8。图 3.3 显示了所有飞灰样品中的汞含量随温度变化的曲线[40]。从图 3.3 中可以看出，随着温度的升高，汞逐步从飞灰中分解出来，飞灰中汞的含量逐渐降低。大部分飞灰中的汞在室温下是稳定的，当温度达到 300℃ 时，所有飞灰样品中的汞含量急剧下降；当温度达到 450℃ 和 600℃ 时，飞灰中汞含量极低，几乎没有汞的存在。

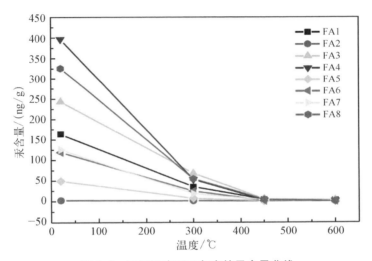

图 3.3　不同温度下飞灰中的汞含量曲线

　　碳对汞脱除的影响尚不明确，飞灰中的汞含量降低是否与未燃尽炭含量有关？图 3.4 显示了不同温度下飞灰中汞含量与碳含量的变化关系[40]。在温度为 20℃ 时，尽管 FA6 飞灰中的碳含量最大，它的汞含量却比 FA1、FA3、FA4 和 FA8 还要低，这可能源于燃煤里的汞含量或者未燃尽炭的特性。如果燃煤里的汞含量较低，则必将导致 FA6 飞灰捕获的汞较少。但是根据吸附理论，在高浓度汞的烟气环境下，有更高未燃尽炭含量和更好孔性能特征的飞灰应该吸收更多的汞，飞灰中的汞含量应该较大。对 FA4、FA5 和 FA6 飞灰所使用的煤样进行汞含量测试，汞含量顺序为 FA4(96.9 ng/g)＞FA6(84.3 ng/g)＞FA5(72.4 ng/g)，与图 3.4(a)飞灰中的汞含量顺序相同，与飞灰中的碳含量的顺序不同。可以看出，FA6 飞灰样品使用的燃煤中汞含量并不低，在三种相近的汞含量的燃煤条件下，未燃尽炭含量最高，比表面积最大的 FA6 飞灰中的汞含量并不是最高。可见未燃尽炭并不是决定飞灰中的汞含量的关键因素，部分未燃尽炭对汞的吸附特性较弱。在温度为 300℃ 时，

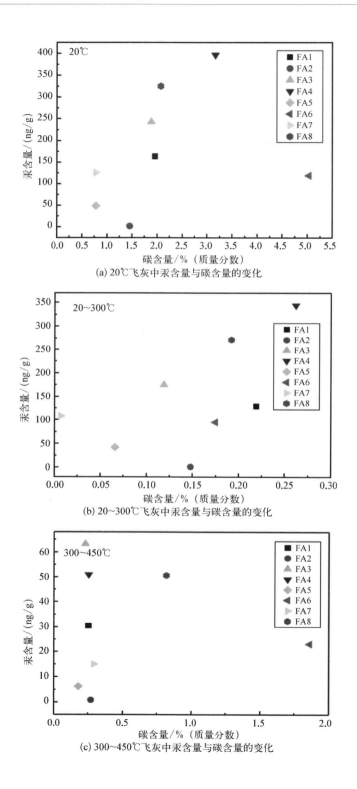

(a) 20℃飞灰中汞含量与碳含量的变化

(b) 20~300℃飞灰中汞含量与碳含量的变化

(c) 300~450℃飞灰中汞含量与碳含量的变化

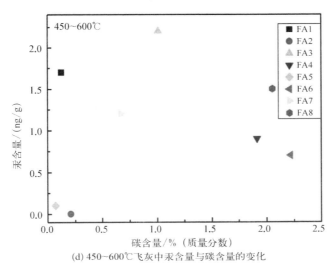

(d) 450~600℃飞灰中汞含量与碳含量的变化

图 3.4　不同温度下飞灰中汞含量与碳含量的变化

FA4 的碳分解量和汞含量降低都最大,FA1 的碳分解量大于 FA3 和 FA8,而 FA1 的汞含量降低却小于 FA3 和 FA8;当温度为 450℃时,FA3 的汞含量降低最大,但其碳分解量却不是八种飞灰样品中最大的。在温度为 600℃时,FA8 飞灰表现出与 FA3 飞灰相同的趋势和规律,即碳分解量与汞含量之间是非线性关系。因此结果表明,在任何温度下,飞灰中的碳含量不能决定飞灰中的汞含量,碳含量和汞含量之间是非线性关系。

　　此外,飞灰中原本的汞含量也可能影响汞的分解量。图 3.5 表明在不同温度下飞灰中剩余汞含量与碳含量之间的关系[40],可以看出,飞灰中的汞含量与碳含量之间没有相关性,这与分解汞和分解碳之间的关系相同。所有的原灰样品中汞含量由大到小的顺序为 FA4＞FA8＞FA3＞FA1＞FA7＞FA6＞FA5＞FA2[见图 3.4(a)],当温度达到 300℃时,分离出的汞含量也大致遵循该顺序[见图 3.4(b)],仅有些微小变化,即 FA3＞FA8＞FA4＞FA1＞FA6＞FA7＞FA5＞FA2,这与在温度 450℃时分解的汞含量的顺序相同[见图 3.4(c)]。同样,温度达到 600℃时,每个飞灰样品分离出的汞含量也与 450℃飞灰中剩余汞含量的顺序一致,如图 3.5(b)和(c)所示,因此可以观察到这些飞灰中本身汞含量决定了分解出来的汞的多少。

　　用两种汞吸附模式(模式 A 和模式 B)说明飞灰中的汞状态,图 3.6 给出了飞灰中汞和碳之间可能的作用关系[40]。图中 HgX 是指元素汞及其化合物,包括元素态 Hg(此时 X 为空白),HgCl(此时 X 为 Cl,即 Hg_2Cl_2,简称 HgCl),HgO(此时 X 是 O),$HgCl_2$(此时 X 为两个 Cl),$HgSO_4$(此时 X 为 SO_4 基团)等。模式 A 表示

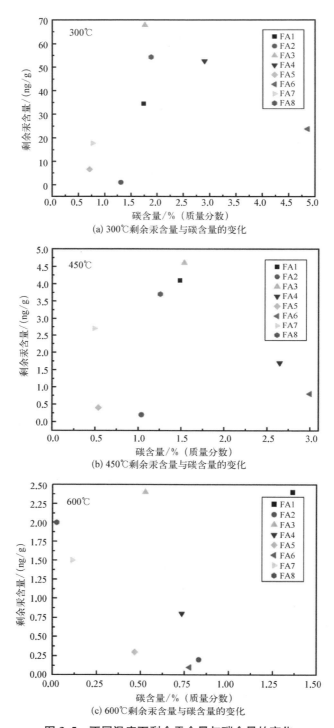

(a) 300℃剩余汞含量与碳含量的变化

(b) 450℃剩余汞含量与碳含量的变化

(c) 600℃剩余汞含量与碳含量的变化

图 3.5　不同温度下剩余汞含量与碳含量的变化

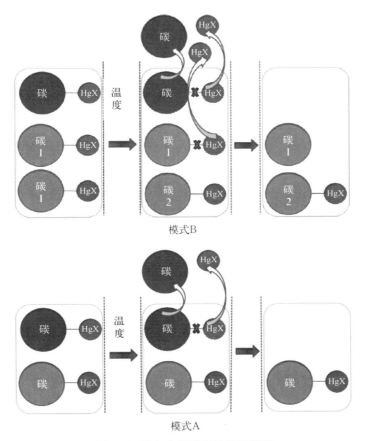

图 3.6　飞灰中汞形态的机理模型

飞灰中的碳吸附着某种形态的汞,也就是说在高温环境下,如碳发生了分解,吸附在该碳上的汞将会从飞灰中解吸附,因为吸附的载体碳已经不存在。实验结果表明碳分解量和汞含量之间没有相关性,碳分解量不是决定 300℃时汞分解量多少的唯一因素,因此模式 A 不可能在飞灰中出现。分解的汞不仅仅来源于碳的分解,因此飞灰中可能不存在具有极强的汞捕捉能力的碳颗粒。基于上述分析,模式 B 可能是更接近于飞灰中汞形态的实际模型。该模型中,碳分为三类,第一类是随着温度升高到 300℃时而分解的,第二类是温度升到 300℃时尚未分解但其吸附的汞部分开始脱附,第三类是温度升到 300℃时尚未分解而且其吸附的汞也未脱附,在图 3.6 中分别以碳、碳 1 和碳 2 表示。当温度升高时,一部分汞随着碳的分解而分离出飞灰,另一部分汞则从剩余的未分解的碳(碳 1)上脱附而离开飞灰,因此碳分解导致汞分离和汞脱附,形成了飞灰中分离汞的总量。在 300℃时,飞灰具有最高的汞分解量,但是碳分解量却较低,可见大部分的汞分离是由于剩余的未分解碳中的汞脱附而形成的。随着温度的升高，汞继续从剩余的碳中逸出。最终，在温度达到 600℃时，飞灰中的汞含量已经非常小，从而导致未燃尽炭含量相对较高，但汞的分解量却很小。

3.3　飞灰中无机物对汞的影响

飞灰中的无机物对汞的捕捉和氧化有很大的影响。研究表明了在 HCl 存在下（温度大于 700℃，HCl 浓度为 100～200 ppm），飞灰组分（Al_2O_3、SiO_2、Fe_2O_3、CuO、CaO）对汞氧化的作用：金属氧化物 CuO 和 Fe_2O_3 在 HCl 存在的条件下，在 Hg^0 的表面氧化表现出很强的催化活性，可能是由于 Deacon 反应，在此过程中，HCl 与这两种金属氧化物反应生成 Cl_2。飞灰中 CaO 的添加降低了 Hg^0 的氧化，主要是由于部分 HCl 和 CaO 发生了反应，降低了发生 Deacon 反应的 HCl 的量[41]。

Galbreath 等[2]认为飞灰中的 Al_2O_3 或 TiO_2 可能对汞有很强的催化氧化作用。Bhardwaj 等[42]却认为 Al_2O_3、SiO_2、CaO、MgO、TiO_2 并没有促进汞的氧化与吸附，而 Fe_2O_3 和未燃尽炭对汞有很强的氧化和吸附作用。Rio 等[43]认为硫钙灰比硅铝灰更利于汞的脱除，并且硫钙灰吸附的汞稳定性更高。XPS 分析认为汞的吸附机制与汞和飞灰表面存在的氧化物的化学反应有关。有研究认为元素汞的氧化随着磁性物质的提高而提高，认为针形结构的铁氧化物可能对汞氧化起着重要作用。同时，向真实烟气中喷入 α-Fe_2O_3 和 γ-Fe_2O_3，γ-Fe_2O_3 促进了汞氧化[44]。

Guo 等[45]应用基于密度泛函的第一性原理分析了飞灰中 γ-Fe_2O_3 对燃煤烟气汞的脱除作用，研究了汞在 γ-Fe_2O_3(001)表面的缺陷位和非缺陷位的结合能，找出其吸附位，发现在氧的空穴位上有很大的键能，大约 -134.6 kJ/mol，另外汞和铁之间形成了杂化轨道。然而，Abad-Valle 等[9]认为飞灰中的铁成分对汞的脱除和氧化没有起到很大的作用。有研究发现富铁的磁性飞灰和非磁性飞灰（富铝硅酸盐）在汞氧化上并没有很大的不同，但当加入 NO_2 和 HCl 时非磁性飞灰的汞氧化率是磁性飞灰的 4 倍[46]。

Li 等[47]认为煤中的硫对汞吸附有负面影响，飞灰中的锰能将元素汞氧化成二价汞，在低品质煤中，钙的存在能促进汞的氧化。烟气中被氧化的汞可能和飞灰形成复合体，然后在烟气离开烟道前被脱除。

碳含量不能决定飞灰中的汞含量，飞灰中的无机成分可能影响汞含量，而飞灰中的无机物是由很多化学元素组成的复杂混合物。显然，了解主要无机成分对汞脱除能力的影响对于评价飞灰中汞脱除机理非常重要。本节采取多变量线性回归的方法评价主要无机成分[40]，首先建立与飞灰成分相关的表达式，包括分解碳和无机成分的元素，将飞灰成分设置为独立变量 x，分解的汞含量设为变量 y，构建出基本的线性回归模型

$$y_i = \beta_0 + \beta_1 x_{i1} + \beta_2 x_{i2} + \cdots + \beta_m x_{im} + \varepsilon_i \tag{3.1}$$

对于上述表达式,系统有 n 个因变量和 m 个自变量。y_i 为第 i 个因变量值,$i = 1, 2, \cdots, n$;x_{ij} 表示第 i 个应变量所对应第 j 个自变量的值,$j = 1, 2, \cdots, m$;参数 β_j 代表第 j 个自变量的参数估计值;ε_i 代表第 i 个因变量的参数估计误差。通过调整参数大小,利用 T 检验获取最小回归误差,并利用前向回归算法评估自变量参数。首先选择前六种飞灰(FA1、FA2、FA3、FA4、FA5、FA6)数据作为训练样本,利用 FA7 和 FA8 飞灰作为测试样本确定计算模型的准确性,计算结果表明 300℃下飞灰中分解的汞含量主要与碳、SiO_2、Fe_2O_3、SO_3 和 MgO 的含量有关,其所有的系数如下式所示:

$$y_i = 1\,114.873 + 2\,117.705 x_{\mathrm{C}} - 19.615 x_{\mathrm{SiO_2}} - 31.513 x_{\mathrm{Fe_2O_3}} - \\ 720.148 x_{\mathrm{SO_3}} + 247.11 x_{\mathrm{MgO}} \tag{3.2}$$

图 3.7 显示了所有训练样本和测试样本数据采用该模型的绝对误差和相对误差[40]。可以看出,绝对误差和相对误差非常小,表明飞灰中的汞含量可以利用飞灰成分的特点,采用数学模型的方法进行预测。从式(3.2)可以得到,碳含量的系数较大,表明碳含量对汞含量非常重要,但是由于碳含量较小,其乘积并不大。与之相对应,虽然 SiO_2、Fe_2O_3、SO_3 和 MgO 的系数较小,但其含量大于碳,因此这些元素的乘积仍然对 y_i 值产生较大影响,即飞灰中的硅、铁、硫和镁也部分决定了飞灰对汞的脱除效果。正如上文所描述,无机物的影响导致碳分解量和汞含量之间不存在线性关系。

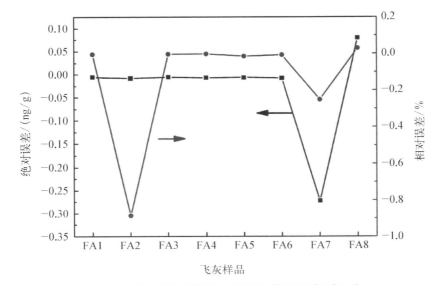

图 3.7　测量值和计算值之间的绝对误差和相对误差

为具体研究飞灰各组分对烟气汞的作用,对飞灰采用不同孔径的筛子进行筛分,对各筛余部分进行成分分析,得到飞灰各组分的粒径分布。根据飞灰各组分粒径分布与组成百分比,采用与飞灰中各组分具有相同粒径分布的相应物质进行模拟飞灰的配制,不同粒径飞灰样品的制备主要通过标准振动筛的筛分来实现。实验中采用 150 目、200 目、300 目和 600 目的标准筛对实验样品进行筛分,150 目筛的孔径为 $100\ \mu m$,200 目筛的孔径为 $74\ \mu m$,300 目筛的孔径为 $47\ \mu m$,600 目筛的孔径为 $25\ \mu m$。在实验条件下,主体反应器的温度为 $150℃$,燃煤飞灰的用量为 $50\ g$,水浴锅的温度为 $60℃$,汞渗透管的载气流量为 $0.3\ L/min$,模拟烟气的流量为 $20\ L/min$。为了减小实验系统带来的误差,每一种燃煤飞灰样品重复做三次。通过配比不同成分模拟飞灰的方法,研究燃煤飞灰中各种组分对汞转化与吸附的贡献,将不同成分的模拟飞灰称为 MAS-0~MAS-5,其具体组分如表 3.1 所示,模拟结果如图 3.8~图 3.13 所示[48]。

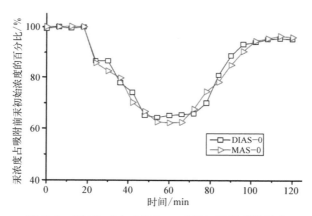

图 3.8　DIAS-0 与 MAS-0 对烟气汞吸附的影响

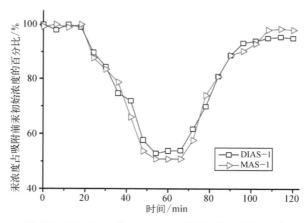

图 3.9　D1AS-1 和 MAS-1 对烟气汞吸附的影响

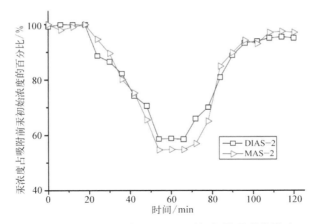

图 3.10　D1AS－2 和 MAS－2 对烟气汞吸附的影响

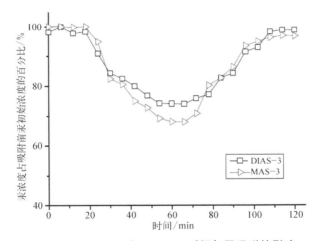

图 3.11　D1AS－3 和 MAS－3 对烟气汞吸附的影响

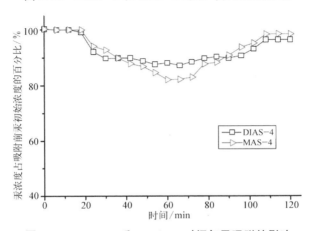

图 3.12　D1AS－4 和 MAS－4 对烟气汞吸附的影响

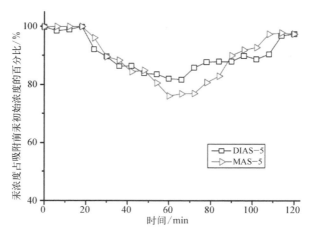

图 3.13　D1AS‑5 和 MAS‑5 对烟气汞吸附的影响

从图 3.8～图 3.13 可以看出,配制的模拟飞灰的脱除效果优于真实的燃煤飞灰,脱除率均有不同程度的提高,配制的模拟飞灰对烟气汞的脱除率分别为 49.17％、45.24％、32.00％、17.82％、23.94％、37.78％。如表 3.1 所示[48],实验中采用物理筛分且考虑主要的氧化物配制的模拟飞灰对烟气汞的脱除率有不同程度的提高,说明实际的燃煤飞灰与配制的模拟飞灰在物理和化学性质上有一定的差异,各种不同组分对烟气汞转化的贡献不尽相同。

表 3.1　模拟飞灰的化学组分与汞的脱除率

名　称	质量分数/%						汞脱除率/%
	MgO	Al_2O_3	SiO_2	CaO	Fe_2O_3	残炭量	
MAS‑1	0.554	34.5	42.676	4.73	12.5	5.04	49.17
MAS‑2	—	34.3	42.920	4.65	13.7	4.43	45.24
MAS‑3	0.609	26.2	31.781	6.38	32.6	2.43	32.00
MAS‑4	0.605	22.3	34.325	9.55	32.2	1.02	17.82
MAS‑5	1.18	23.3	39.420	9.64	25.2	1.26	23.94
MAS‑0	—	24.3	35.370	6.91	30.4	3.02	37.78

根据 MAS‑3 和 MAS‑4 对烟气中汞吸附的影响,可见飞灰中的无机化学组成成分的影响差异性较小,但飞灰残炭量的影响有着明显的不同,再通过对烟气汞的转化和吸附效率的比较,不难发现在燃煤飞灰的化学组成成分中对烟气汞的捕捉起主要作用的是残炭量,这与飞灰残炭量是影响烟气中汞形态变化的主要因素是一致的。

通过 MAS‑1 和 MAS‑2 配制的模拟飞灰实验对照,再根据两种模拟飞灰在氧化物的主要成分上差异较小(MgO 的含量除外),可以说明飞灰成分中的 MgO

对烟气汞的转化有着一定的催化氧化和/或吸附作用,提升了飞灰对汞的脱除性能。根据模拟飞灰与相对应的燃煤飞灰各自对烟气汞的脱除效果来看,脱除率在不同程度上均有提高,可以说明商业活性炭对烟气汞的脱除率优于燃煤飞灰中的残炭。

通过 MAS - 4 和 MAS - 5 配制的模拟飞灰对照发现,残炭量以及 Al_2O_3、CaO、SiO_2 的含量相差较小,但 MgO 和 Fe_2O_3 的含量有着较大的差异,脱除率有着一定的差异,并结合 MAS - 1 和 MAS - 2 的实验结果,可以推测燃煤飞灰中 MgO 和 Fe_2O_3 对烟气中汞的转化与吸附有着一定的贡献,其中一种起主导作用或两者协同作用。

比较 MAS - 2 和 MAS - 0 吸附烟气中汞的性能得到,MAS - 0 模拟飞灰中 Fe_2O_3 的含量是 MAS - 2 的 2.22 倍,其次是 CaO 的含量,约为 1.49 倍,然而 MAS - 2 模拟飞灰中 Al_2O_3 的含量是 MAS - 0 的 1.4 倍,残炭量是 MAS - 0 的 1.47 倍,SiO_2 的含量也有着一定的差异,但 SiO_2 的含量对烟气汞的转化没有明显影响,可以说明 CaO、Fe_2O_3、Al_2O_3 的含量及残炭量对烟气中汞的形态转化具有一定的影响,其中一种组分具有较大影响或者其中两种或多种氧化物皆对燃煤飞灰吸附烟气中的汞具有较大的作用。

Dunham 等[33]通过固定床实验研究发现,飞灰中 Fe 和 Al 可以促进 $Hg^0(g)$ 转化为 $Hg^{2+}(g)$,Hg^0 的氧化随飞灰中磁铁矿含量的增加而增加,与此实验结果有一致性。

3.4　本章小结

本章具体分析了飞灰中汞的含量及其形态,研究了飞灰中碳和无机物对汞的影响。

(1)燃煤飞灰中的活性汞、半活性汞、无活性汞三种形态的汞都存在,且半活性汞含量较多,这与电厂燃烧的煤种有关。三种不同形态的汞有可能是以一种相互混合、类似一个整体的状况赋存在燃煤飞灰中,并不是分开赋存在燃煤飞灰的不同物质中。

(2)在任何温度下,飞灰中的碳含量不能决定飞灰中汞的含量,碳含量和汞含量之间是非线性关系。此外,飞灰中原本的汞含量也可能影响汞的分解量。

(3)通过对烟气中汞吸附的影响分析,得到其中的无机物成分的影响差异性较小,但残炭量的影响有着明显的不同,在燃煤飞灰的化学成分中对烟气汞的捕捉起主要作用的是残炭量,这与飞灰中残炭量是影响烟气中汞形态变化的主要因素是一致的;飞灰中的硅、铁、硫和镁也对汞脱除有一定影响。

参 考 文 献

［1］KAAKINEN J W, JORDEN R M, LAWASANI M H, et al. Trace element behavior in coal-fired power plant[J]. Environmental science & technology, 1975, 9(9)：862－869.

［2］GALBREATH K C, ZYGARLICKE C J. Mercury transformations in coal combustion flue gas[J]. Fuel processing technology, 2000, 65－66：289－310.

［3］HASSETT D J, EYLANDS K E. Mercury capture on coal combustion fly ash[J]. Fuel, 1999, 78(2)：243－248.

［4］SERRE S D, SILCOX G D. Adsorption of elemental mercury on the residual carbon in coal fly ash[J]. Industrial & engineering chemistry research, 2000, 39(6)：1723－1730.

［5］HUTSON N D. Mercury capture on fly ash and sorbents：the effects of coal properties and combustion conditions[J]. Water, air & soil pollution：focus, 2008, 8(3－4)：323－331.

［6］KOSTOVA I J, HOWER J C, MASTALERZ M, et al. Mercury capture by selected Bulgarian fly ashes：influence of coal rank and fly ash carbon pore structure on capture efficiency[J]. Applied geochemistry, 2011, 26(1)：18－27.

［7］HOWER J C, MAROTO－VALER M M, TAULBEE D N, et al. Mercury capture by distinct fly ash carbon forms[J]. Energy & fuels, 2000, 14(1)：224－226.

［8］NIKSA S, FUJIWARA N. Estimating Hg emissions from coal-fired power stations in China[J]. Fuel, 2009, 88(1)：214－217.

［9］ABAD－VALLE P, LOPEZ－ANTON M A, DIAZ－SOMOANO M, et al. Influence of iron species present in fly ashes on mercury retention and oxidation[J]. Fuel, 2011, 90(8)：2808－2811.

［10］王起超,沈文国,麻壮伟.中国燃煤汞排放量估算[J].中国环境科学,1999,19(4)：318－321.

［11］王起超,邵庆春,周朝华.不同粒度飞灰中16种微量元素的含量分布[J].环境污染与防治,1998,20(5)：37－41.

［12］王起超,马如龙.煤及其灰渣中的汞[J].中国环境科学,1997,17(1)：76－79.

［13］孔火良,吴慧芳.电厂燃煤灰渣中微量元素富集规律的试验研究[J].青岛理工大学学报,2007,28(4)：65－68.

［14］姚多喜,支霞臣,郑宝山.煤燃烧过程中5种微量元素的迁移和富集[J].环境化学,2004,23(1)：31－37.

［15］王立刚,彭苏萍,陈昌和.燃煤飞灰对锅炉烟道气中Hg⁰的吸附特性[J].环境科学,2003,24(6)：59－62.

［16］彭苏萍,王立刚.燃煤飞灰对锅炉烟道气汞的吸附研究[J].煤炭科学技术,2002,30(9)：33－35.

［17］吴成军,段钰锋,赵长遂.污泥与煤混烧中飞灰对汞的吸附特性[J].中国电机工程学报,2008,28(14)：55－60.

［18］段钰锋,江贻满,杨立国,等.循环流化床锅炉汞排放和吸附实验研究[J].中国电机工程学报,2008,28(32)：1－5.

［19］赵毅,刘松涛,马宵颖,等.改性粉煤灰吸收剂对单质汞的脱除研究［J］.中国电机工程学报, 2008,28(20)：55-60.

［20］杨祥花,段钰锋,江贻满,等.燃煤锅炉烟气和飞灰中汞形态分布研究［J］.煤炭科学技术, 2007,35(12)：55-58.

［21］江贻满,段钰锋,杨祥花,等.ESP飞灰对燃煤锅炉烟气汞的吸附特性［J］.东南大学学报(自然科学版),2007,37(3)：436-440.

［22］许绿丝,程俊峰,曾汉才.燃煤飞灰对痕量重金属吸附脱除的研究［J］.热力发电,2004, 33(4)：10-13.

［23］石祥建.飞灰对烟气中汞形态转化的影响及测量技术研究［D/OL］.杭州：浙江大学,2006 ［2020-05-06］.https：//kns.cnki.net/KCMS/detail/detail.aspx?dbcode＝CMFD＆dbname＝ CMFD0506＆filename＝2006175733.nh＆uid＝WEEvREcwSlJHSldRa1FhcEFLUmViU1FC RTAyeWdrSHU3Rit5MHpzYmtMbz0＝ ＄9A4hF＿YAuvQ5obgVAqNKPCYcEjKensW4I QMovwHtwkF4VYPoHbKxJw!!＆v＝MTY5ODIyN0dMSy9HOWJQckpFYlBJUjhlWDF MdXhZUzdEaDFUM3FUcldNMUZyQ1VSN3FmWXVacEZ5em5VTHJJVjlE＝.

［24］赵永椿,张军营,刘晶,等.燃煤飞灰吸附脱汞能力的实验研究［J］.中国科学：技术科学, 2010,40(4)：385-391.

［25］马宵颖.粉煤灰改性脱汞实验研究［J］.粉煤灰,2011,23(4)：9-11.

［26］许志鹏,刘清才,姚春玲,等.改性粉煤灰基烟气脱汞吸附剂氧化性能分析［J］.重庆大学学报,2012,35(11)：81-85.

［27］梁红姬.燃煤飞灰中汞的赋存状态及其在热处理过程中释放特征的研究［D/OL］.广州：华南理工大学.2014［2020-05-06］.https：//kns.cnki.net/KCMS/detail/detail.aspx?dbcode＝ CMFD＆dbname＝CMFD201501＆filename＝1014064418.nh＆uid＝WEEvREcwSlJHSld Ra1FhcEFLUmViU1FCRTAyeWdrSHU3Rit5MHpzYmtMbz0＝ ＄9A4hF＿YAuvQ5obg VAqNKPCYcEjKensW4IQMovwHtwkF4VYPoHbKxJw!!＆v＝MDQ5NTkxRnJJDVVI3c WZZdVpwRnl6blZiM0xWRjI2R3JPK0d0WE5wNUViUElSOGVYMUx1eFlTN0RoMVMzc VRyeV00＝.

［28］WANG L G, CHEN C H, KOLKER K H. Vapor-phase elemental mercury adsorption by residual carbon separated from fly ash［J］. Journal of environmental sciences, 2005,17(3)： 518-520.

［29］HWANG J Y, SUN X, LI Z. Unburned carbon from fly ash for mercury adsorption：Ⅰ. separation and characterization of unburned carbon［J］. Journal of minerals and materials characterization and engineering, 2002, 1(1)：39-60.

［30］HOWER J C, SENIOR C L, SUUBERG E M, et al. Mercury capture by native fly ash carbons in coal-fired power plants［J］. Progress in energy and combustion science, 2010, 36(4)：510-529.

［31］GHORISHI S B, JOZEWICZ W S, GULLETT B K. Advantage of Illinois coal for FGD removal of mercury［J］. Environmental engineering science, 2004, 21(1)：29-37.

［32］PAVLISH J H, SONDREAL E A, MANN M D, et al. Status review of mercury control options for coal-fired power plants［J］. Fuel processing technology, 2003, 82 (2-3)： 89-165.

[33] DUNHAM G E, DEWALL R A, SENIOR C L. Fixed-bed studies of the interactions between mercury and coal combustion fly ash[J]. Fuel processing technology, 2003, 82 (2 - 3): 197 - 213.

[34] LOPEZ - ANTON M A, ABAD - VALLE P, DIAZ - SOMOANO M, et al. The influence of carbon particle type in fly ashes on mercury adsorption[J]. Fuel, 2009, 88 (7): 1194 - 1200.

[35] GOODARZI F, HOWER J C. Classification of carbon in Canadian fly ashes and their implications in the capture of mercury[J]. Fuel, 2008, 87(10 - 11): 1949 - 1957.

[36] MAROTO - VALER M M, ZHANG Y Z, GRANITE E J, et al. Effect of porous structure and surface functionality on the mercury capacity of a fly ash carbon and its activated sample [J]. Fuel, 2005, 84 (1): 105 - 108.

[37] GHORISHI S B, KEENEY R M, SERRE S D, et al. Development of a Cl-impregnated activated carbon for entrained-flow capture of elemental mercury[J]. Environmental science & technology, 2002, 36(20): 4454 - 4459.

[38] KWON S, BORGUET E, VIDIC R D. Impact of surface heterogeneity on mercury uptake by carbonaceous sorbents under UHV and atmospheric pressure[J]. Environmental science & technology, 2002, 36(19): 4162 - 4169.

[39] SCHURE M R, SOLTYS P A, NATUSCH D F S, et al. Surface area and porosity of coal fly ash[J]. Environmental science & technology, 1985, 19(1): 82 - 86.

[40] 何平.燃煤飞灰与烟气中汞的作用实验与机理研究[D/OL].上海: 上海交通大学, 2017 [2020 - 05 - 06]. https://kns.cnki.net/KCMS/detail/detail.aspx?dbcode=CDFD&dbname=CDFDLAST2019&filename=1019610369.nh&uid=WEEvREcwSlJHSldRa1FhcEFLUmViU1FCRTAyeWdrSHU3Rit5MHpzYmtMbz0=$9A4hF_YAuvQ5obgVAqNKPCYcEjKensW4IQMovwHtwkF4VYPoHbKxJw!!&v=MDE5NzJGeXppVzczT1ZGMjJZ9GN1c1SHRMS3BwRWJJQSVI4ZVgxTHV4WVM3RGgxVDNxVHJJXTTFGckxNVUjdxZll1WnA=.

[41] GHORISHI S B, LEE C W, JOZEWICZ W S, et al. Effects of fly ash transition metal content and flue gas HCl/SO$_2$ ratio on mercury speciation in waste combustion[J]. Environmental engineering science, 2005, 22 (2): 221 - 231.

[42] BHARDWAJ R, CHEN X H, VIDIC R D. Impact of fly ash composition on mercury speciation in simulated flue gas[J]. Journal of the air & waste management association, 2009, 59 (11): 1331 - 1338.

[43] RIO S, DELEBARRE A. Removal of mercury in aqueous solution by fluidized bed plant fly ash[J]. Fuel, 2003, 82 (2): 153 - 159.

[44] NORTON G A, YANG H Q, BROWN R C, et al. Heterogeneous oxidation of mercury in simulated post combustion conditions[J]. Fuel, 2003, 82 (2): 107 - 116.

[45] GUO P, GUO X, ZHENG C G. Roles of γ - Fe$_2$O$_3$ in fly ash for mercury removal: results of density functional theory study[J]. Applied surface science, 2010, 256 (23): 6991 - 6996.

[46] NORTON G A. Effects of fly ash on mercury oxidation during post combustion conditions [R]. Ames: Iowa State University. Center for Sustainable Environmental Technologies,

2000.

[47] LI S, CHENG C M, CHEN B, et al. Investigation of the relationship between particulate-bound mercury and properties of fly ash in a full-scale 100 MWe pulverized coal combustion boiler[J]. Energy & fuels, 2007, 21(6): 3292 - 3299.

[48] 潘雷. 燃煤飞灰与烟气汞作用机理的研究[D]. 上海：上海电力学院, 2011[2020 - 05 - 06]. https://kns.cnki.net/KCMS/detail/detail.aspx? dbcode = CMFD&dbname = CMFD2012& filename = 1011305213. nh&uid = WEEvREcwSlJHSldRa1FhcEFLUmViU1FCRTAyeWdr SHU3Rit5MHpzYmtMbz0 = $9A4hF_YAuvQ5obgVAqNKPCYcEjKensW4IQMovwHtwk F4VYPoHbKxJw!! &v = MDExMDFYMUx1eFlTN0RoMVQzcVRyV00xRnJDVVI3cWZ ZdVpwRnl6Z1VielBWRjI2SDdDNEc5UE5ySkViUElSOGU=.

第 4 章　飞灰的汞吸附特性

与其他吸附剂相比,飞灰吸附汞在经济性上具有明显的优势,但其吸附效率低,且成分和含量非常复杂,与汞的作用机理尚不清楚,因此研究飞灰的汞吸附特性对提高脱汞效率、促进其推广应用十分关键。笔者在自行开发的吸附剂吸附性能评价实验台上,进行了飞灰吸附烟气汞的实验研究。研究发现飞灰的粒径分布、比表面积及对飞灰的改性都不同程度影响飞灰吸附汞的效率。飞灰粒径分布影响其对汞形态的转化及迁移特性,进而影响脱汞效率;飞灰对汞的脱除率与比表面积基本呈正相关,当飞灰颗粒比表面积较大,即表面的微孔数量较多时,可为烟气中汞原子在飞灰颗粒表面发生外扩散提供较多的着落点,有利于吸附更多的烟气汞;改性后的燃煤飞灰对烟气汞的脱除影响明显增大,经溴化钠(NaBr)化学浸渍改性后的燃煤飞灰对烟气汞的脱除率大幅度上升;共掺杂改性飞灰的实验研究表明,飞灰中合适的 Fe、Mn 含量可大幅提高汞的脱除率;飞灰中的硫元素也影响汞的脱除率,采用 Na_2SO_4 和 H_2SO_4 对飞灰进行改性并研究其脱汞特性,发现其影响较为复杂。同时,烟气组分对飞灰吸附汞也有不同程度的影响。HCl 气体可以显著提高飞灰脱除汞的效率;NO 的存在对烟气汞的脱除效率有着较大提升作用,但随着 NO 浓度的增加会有一定的抑制作用;烟气中 NO_2 有利于单质汞的脱除,且转化效率随着 NO_2 浓度的增加而增加;SO_2 气体与飞灰脱除汞效率的关系依赖于 SO_2 的浓度,浓度偏大或偏小都不利于飞灰对汞的脱除,合适的 SO_2 的浓度可以适当提高飞灰对汞的脱除率,但是总体而言,SO_2 提升飞灰的汞吸附性能的效果要远小于HCl;烟气中的水蒸气(H_2O)通过发生化学反应生成氧化性更强的臭氧(O_3)进而氧化单质汞,其脱除效率随着水蒸气浓度的增加而增加,但提升作用极为有限。

4.1　飞灰特性对汞吸附的影响

飞灰的粒径和比表面积等都会影响飞灰与烟气汞的相互作用,但各因素的影响机制尚未形成一致看法[1-3]。飞灰的比表面积是决定飞灰行为特性的主要参数之一,它能够决定飞灰颗粒表面静电荷数量,而静电荷数量直接影响飞灰的静电沉积能力和吸附气相物质的性能以及水浸滤速率。通常认为飞灰比表面积会随着飞灰粒径的减小而增大,但也有研究认为,飞灰颗粒的粒径与比表面积并没有直接的相关关系[4]。

有研究表明[5-6],飞灰粒径的大小对烟气汞原子的吸附有正反两种作用。颗粒较小,飞灰表面的微孔较小,影响了飞灰的比表面积,不能为气相汞原子与固体颗粒飞灰提供广阔有效的接触场所,从而减小了两者相互作用的概率,不利于物理吸附过程的发生。但是当飞灰颗粒较大时,微孔容积较大,远大于汞原子的体积,物理吸附过程本身吸附速率较快,范德华力较弱,没有选择性,致使在外界发生不稳定反应的情况下,汞原子再次从较大的微孔中释放出来,从而不利于燃煤飞灰对烟气汞的脱除。所以选择大小合适的燃煤飞灰作为脱除汞的廉价吸附剂是非常关键的,因为颗粒大小合适有利于燃煤飞灰捕集气相汞原子且不易重新释放。飞灰颗粒粒径分布较宽,较大或者较小的颗粒在飞灰样品中均广泛存在,但具体分布会随着电厂的锅炉类型、燃烧条件等有所不同。

施雪等[7]对燃煤飞灰进行了表征,并分析了飞灰表面特征对飞灰吸附汞效率的影响,计算了飞灰的分形维数。结果发现,分形维数对飞灰吸附汞效率没有直接影响。Ariya 等[5]也认为飞灰的比表面积、孔径分布等因素会影响对汞的捕捉,而低氮氧化物燃烧和煤粉细度也会对飞灰的比表面积、孔径分布等产生影响,从而影响飞灰对汞的吸附能力。为了深入研究飞灰特性对汞吸附的影响,本章通过测试飞灰样品的理化特性及其对汞吸附的影响进行探讨[8-9]。

4.1.1　飞灰比表面积对汞吸附的影响

为了研究飞灰的表面特性对汞吸附的影响,对上海某一燃煤电厂飞灰进行采样,采用机械筛分的方法,将所取得的燃煤电厂飞灰按照颗粒尺寸大小进行分类,形成不同组的燃煤电厂飞灰样品。根据颗粒的分布,采用 200 目、250 目、300 目、350 目和 500 目的钢丝筛,在高频振动筛中充分振动 1 h,将燃煤电厂飞灰分离为五种样品,其颗粒尺寸范围如下:大于 106 μm、75~106 μm、58~74 μm、48~57 μm 和 23~47 μm。为了后续讨论方便,分别将其命名为 AS-1 飞灰、AS-2 飞灰、AS-3 飞灰、AS-4 飞灰和 AS-5 飞灰;而记原灰样为 OAS;各电厂飞灰前面加上 DX,其中 X 取值为 1、2、3,表示电厂 1、电厂 2、电厂 3。通过筛分得到的五种飞灰样品及原灰样的比表面积、孔容积和平均孔径的表征结果如表 4.1 所示,其中:样品 D1AS-4 燃煤飞灰的平均孔径过小,未检出;样品 D1AS-5 的孔容积和平均孔径过小,亦未检出。

从表 4.1 可知,样品的比表面积总体上与燃煤飞灰的粒径没有明显的关联,但是除 D1AS-1 样品外,飞灰的比表面积大体上随着粒径的减小而减小,D1AS-5 的比表面积略有增大;随着飞灰粒径的减小(不包括飞灰样品 D1AS-1),颗粒的孔

表 4.1　电厂 1 燃煤飞灰的物理表征

样　品	比表面积/(m²/g)	孔容积/(cm³/g)	平均孔径/nm
D1AS - 1	1.547 7	0.001 978	7.848 24
D1AS - 2	1.731 2	0.002 004	7.341 16
D1AS - 3	0.557 8	0.000 941	10.112 5
D1AS - 4	0.006 8	0.000 941	—
D1AS - 5	0.035 4	—	—
D1OAS	0.059 3	0.000 672	58.429 08

容积也随之减小,粒径较小的飞灰颗粒表面几乎没有微孔或者孔洞极少,平均孔径则不随飞灰粒径减小而呈明确变化关系。筛分后的燃煤飞灰样品,孔容积较大的颗粒拥有较大的比表面积,而平均孔径较大的飞灰颗粒不具有相应较大的比表面积,可见燃煤飞灰颗粒的比表面积是由其表面的平均孔径和孔容积共同决定的。

　　燃煤飞灰对汞的脱除率与其比表面积的关系如图 4.1 所示[8]。从图 4.1 可以看出,除了 D1AS-1 燃煤飞灰样品外,飞灰对汞的脱除率与比表面积基本呈正相关。当飞灰颗粒比表面积较大时,燃煤飞灰颗粒表面的微孔数量较多,为烟气中汞原子在飞灰颗粒表面发生外扩散提供较多的着落点,为燃煤飞灰颗粒吸附烟气汞提供更多的场所;而比表面积较小的燃煤飞灰颗粒也能对烟气汞产生一定的吸附作用,主要是在飞灰表面发生了一定程度的化学吸附。

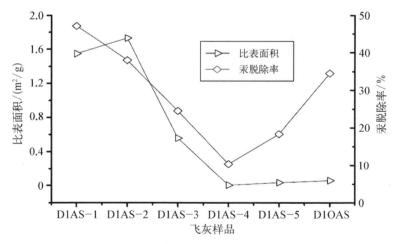

图 4.1　比表面积对汞脱除率的影响

4.1.2　飞灰粒径分布对汞吸附的影响

　　飞灰对汞吸附效率的影响比较复杂,主要是由飞灰成分的不确定性和复杂性造成的。如第 3 章所述,不同粒径飞灰在物理和化学性能上表现出较大差异,这对飞灰吸附脱汞效率产生了影响。本节主要针对 AS-1 到 AS-5 这五种不同颗粒尺寸的飞灰进行汞吸附实验,获得颗粒尺寸对飞灰吸附汞的作用规律。

不同颗粒尺寸飞灰的汞脱除性能实验是在固定床上进行的,实验系统如图 4.2 所示[8]。N₂ 作为平衡气和载气,汞渗透管浸于恒温水浴锅中,温度设定为 55℃,在恒定流量的 N₂ 携带作用下可提供浓度约为 40 μg/m³ 的汞蒸气进入固定床反应器。该反应器由程序控温的管式电炉和一根石英玻璃管组成,石英玻璃管以垂直地面方向放置,长度为 450 mm,内径为 10 mm,在管内放置飞灰样品,内部填塞玻璃珠,管两端用石英棉封堵。石英玻璃管放置在管式电炉中,通过比例积分微分(PID)温控仪对反应器进行精确控温,反应温度控制在 120℃。固定床反应器出口的汞蒸气浓度通过汞在线分析仪 VM3000 测量。

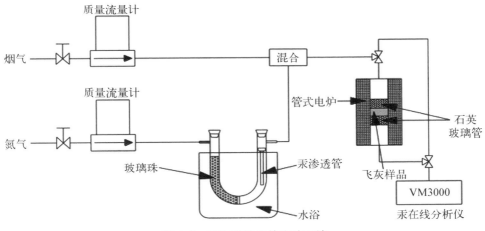

图 4.2　飞灰脱除汞的实验系统

在实验过程中,飞灰对汞的脱除性能通过两个参数进行评价:一个参数是吸附效率,即汞脱除的百分比;另一个参数是最大吸附量(maximum retention capacity,MRC),它代表了飞灰吸附剂的饱和水平,即通过计算吸附前后汞的总量差获得。图 4.3 分别列出了五种不同颗粒尺寸的飞灰和原灰的汞吸附效率和最大吸附量[8]。从图 4.3 中可以看出,飞灰吸附能力和效率均普遍较低,五种不同颗粒尺寸的飞灰具有不同的汞吸附效率和最大吸附量,这表明颗粒尺寸对飞灰的汞脱除能力存在明显影响。AS1 飞灰样品的吸附效率和最大吸附量都是最高的,这可能是由于 AS1 飞灰样品的未燃尽炭含量最高,为 6.27%。AS4 飞灰样品比 AS2 和 AS3 飞灰样品表现出更强的汞脱除能力,但 AS4 飞灰样品的未燃尽炭含量(1.16%)低于 AS2 飞灰样品(2.98%)和 AS3 飞灰样品(2.67%),由此可见飞灰中的未燃尽炭含量高低并不能完全决定汞脱除性能。汞脱除性能的提升还得益于飞灰吸附剂材料其他特性上的不同,即 AS4 飞灰样品与 AS2 和 AS3 飞灰样品相比,含有更多有助于汞吸附的无机物和有机物成分。

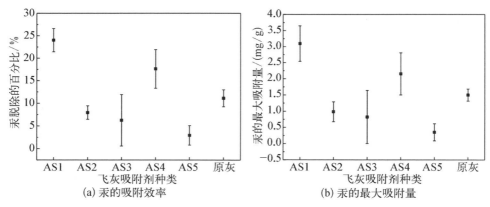

(a) 汞的吸附效率　　　　　　　(b) 汞的最大吸附量

图 4.3　五种不同颗粒尺寸的飞灰和原灰的汞吸附效率和最大吸附量

对于飞灰中的无机成分,EDX 光谱显示 AS4 飞灰样品的铝和碳元素之间有较大的正相关性,而其他飞灰样品具有负相关性。这表明 AS4 飞灰样品在无机成分上与其他飞灰样品不同,某些无机物成分可能具有较高的汞脱除能力。同时对于飞灰中的有机物成分,拉曼光谱显示,AS4 飞灰样品在 $1\,334\ cm^{-1}$ 附近有非常宽的峰。众所周知,金刚石的拉曼峰位于 $1\,332\ cm^{-1}$,但是当受到外界应力时,金刚石晶体发生弹性变形,可以导致金刚石拉曼峰的偏移。因此 AS4 飞灰样品的拉曼峰($1\,334\ cm^{-1}$)说明可能具有 sp^3 碳成分,而其他飞灰样品没有位于 $1\,332\ cm^{-1}$ 附近的峰,主要是 sp^2 碳成分。

为了评价 sp^2 和 sp^3 碳材料的吸附能力,采用第一性原理进行计算。石墨和金刚石表面分别是 sp^2 和 sp^3 碳的代表性材料。图 4.4 为两种材料的仿真模型结构[8],模型上面的外端原子保持不饱和状态,以模拟吸附汞原子的活性位;其他原子由氢原子饱和,以避免结构重构。这种模型的处理方式,在很多研究中证明了它

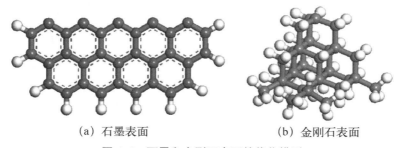

(a) 石墨表面　　　　　　　　(b) 金刚石表面

图 4.4　石墨和金刚石表面的优化模型

的有效性。研究元素汞吸附在所有活性位上,对比石墨和金刚石材料的吸附能力。依据密度泛函(DFT)理论,应用 CASTEP 模拟软件进行计算,采用广义梯度近似(GGA)理论,以吸附能作为衡量元素汞在碳原子上吸附能力的标准。

选择 top 位和 bridge 位作为元素汞吸附在石墨表面的活性位,另外,元素汞放置在金刚石表面的 top 位。汞在所有模型的吸附能列于表 4.2 中[8]。结果表明,汞在金刚石表面的吸附能为 -9.05 eV,低于石墨 top 位的吸附能(-8.63 eV),高于石墨的 bridge 位的吸附能(-9.93 eV),即 sp^2 和 sp^3 碳键吸附元素汞的能力并没有明显的区别,这表明不同的 sp^2 和 sp^3 碳材料不是影响汞脱除的主要因素。

表 4.2　石墨和金刚石模型的汞吸附能

模　型　名　称	吸附能 E_{ads}/eV
石墨(top 位)	-8.63
石墨(bridge 位)	-9.93
金刚石	-9.05

具体实验按以下条件进行:主体反应器的温度为 150℃,每一个燃煤飞灰样品的用量为 50 g,水浴锅的温度为 60℃,汞渗透管的载气流量为 0.3 L/min,模拟烟气的流量为 20 L/min。为了减小实验系统误差,每一种灰样重复三次实验。实验用的样品是电厂 1 经过物理筛分的五个飞灰样品和一个原灰样品,样品的标记分别为 D1AS‐1、D1AS‐2、D1AS‐3、D1AS‐4、D1AS‐5 和 D1OAS。通过实验分析了不同的飞灰粒径对烟气汞的影响,如图 4.5 所示[8]。

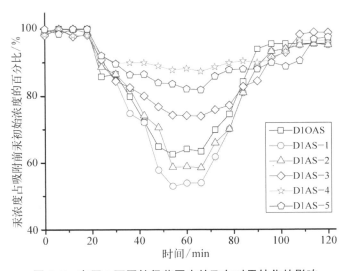

图 4.5　电厂 1 不同粒径范围内的飞灰对汞转化的影响

由图 4.5 可知,D1AS-4 燃煤飞灰样品对烟气汞的吸附效果最差,即对汞的脱除率最低;而在飞灰样品 D1AS-1 吸附汞的实验中,烟气中汞的浓度在反应过程中保持最低值,即该样品对汞的吸附能力最强,脱除率最高。

理论上,燃煤飞灰颗粒的大小对烟气中汞的吸附有正反两种作用[10-11]。故选择粒径合适的燃煤飞灰作为脱除汞的廉价吸附剂是非常关键的,因为颗粒大小合适有利于燃煤飞灰吸附气相汞且不易重新释放出去。在实验所研究的飞灰样品中,大颗粒的燃煤飞灰有利于烟气中汞的脱除,而较小颗粒不一定不利于飞灰吸附气态汞,从样品 D1AS-4 和 D1AS-5 的脱除效果可以得到印证。

4.2 烟气成分对脱汞效果的影响

电厂锅炉中煤燃烧会产生成分非常复杂的燃煤烟气,主要有 HCl、SO_2、NO、NO_2、水蒸气等。这些烟气成分对 Hg^0、Hg^{2+} 的转化和吸附起到了不容忽视的作用。烟气中含量较多的 CO_2 气体,化学性能较为稳定,与飞灰和汞发生化学反应的概率非常低。因此本节主要研究 HCl、SO_2、NO 单组分及其两种或多种组分对飞灰脱除汞的影响规律,采用化学性能同样稳定的 N_2 替代 CO_2 作为平衡气和载气。

酸性气体(如 Cl_2、HCl、SO_x、NO_x 等)对汞催化脱除的研究发现,随着 HCl 浓度增加,$HgCl_2$ 比例($HgCl_2$/总 Hg)增加[12-16];当烟气通过除尘器时,部分 Hg^0 转化为 $HgCl_2$[17-18]。现场测试数据表明含氯量高的煤有利于汞的氧化[19],数值模拟的结果也表明少量的氯元素可以大大增强汞元素的蒸发,而烟气中的 SO_2 则通过抑制氯化物的形成或减少飞灰的催化活性而影响汞在烟气中的分布[20-22],$HgCl_2$ 的生成是烟气温度下降过程中汞迁移转化的主要机理之一[23]。可以与烟气中的 O_2、HCl、Cl_2 发生快速反应,生成 HgO 和 $HgCl_2$,O_2 的存在会促进活性炭和飞灰对 Hg 的吸附[24]。温度低于 200℃时,NO_2 的存在抑制飞灰和碳对 Hg^0 的吸附,但会促进 Hg^{2+} 的形成[13]。烟气中的 H_2O(水蒸气)不利于 Hg^0 的氧化。通过低温加热处理,可减少能与 Hg^0 形成化学键的活性位,消除有利于汞吸附的表面条件[25]。也有研究表明 SO_2 会与 HCl 竞争催化剂表面的活性位,且 SO_2 对汞的氧化只有较弱的促进作用,相对抑制了 Hg^0 的氧化[26]。HCl 会导致 Hg^0 氧化性能降低,这主要归因于 SO_2 和 H_2O 对 Cl_2 的去除影响。气相高含量 HCl 和 Cl_2 可能引起飞灰中的金属氧化物转变成金属氯化物。

温度条件也是影响飞灰与汞作用的重要因素[27-28],一般认为高温不利于飞灰对汞的吸附。Gibb 等[29]认为当飞灰含碳量一定时,烟气温度从 450℃下降至 150℃,汞在飞灰中的滞留比随之线性增加。Noda 等[30]指出汞在 500℃ 以下才被飞灰捕捉，捕捉比例随温度下降而上升。Rubel 等[31]则指出飞灰中的汞在 300～400℃释放。对于各温度窗口下飞灰与汞的作用机制尚需更细致的研究。

Lopez-Anton 等[32]研究了飞灰在燃烧气氛、气化气氛及氮气气氛下对汞的吸附能力。在气化气氛和氮气气氛下，飞灰对汞的吸附能力十分接近；在燃烧气氛下，飞灰对汞的吸附却更加高效，而且从煤粉炉获取的飞灰比从流化床锅炉获取的飞灰对汞的吸附能力更强。Wang 等[33]研究了氨对燃煤飞灰中汞的滤出的影响，高浓度的氨能提高汞的滤出。在同样的 pH 值和氨浓度条件下，洗过的飞灰比原灰会释放出更多的汞，这主要是因为飞灰混合物会在洗灰过程中分解，其中的汞会滤出。Dunham 等[34]研究发现，类晶石结构的氧化铁是氧化单质汞的活性物质，而且飞灰表面的理化特性对 Hg^0 的氧化和吸附有重要影响。Lopez-Anton 等[35]比较了目前评价固体汞吸附剂的不同实验装置，认为气相汞浓度、烟气流速和固定床特性是影响接触时间、质量传递、反应动力学的因素，在使用同样的吸附剂时，可能会极大地改变汞的吸附量；对比分析了四种实验装置，验证了严格控制实验变量的影响是有必要的。随后他们还通过热分解技术确认飞灰中汞的形态，飞灰样品分别来自粉煤燃烧（pulverized coal combustion，PCC）电厂和流化床燃烧（fluidized bed combustion，FBC）电厂，并分别在燃烧气氛和气化气氛下作为汞吸附剂，发现 FBC 电厂的飞灰中汞的存在形态主要为 $HgCl_2$ 和 $HgSO_4$，PCC 电厂的飞灰中的汞主要是 $HgCl_2$ 和 Hg^0，而在气化气氛下，所有飞灰样品中的汞都是 HgS 形式[36]。Serre 等[37]对电厂典型工况进行模拟研究，建立了数学模型模拟在烟气和布袋除尘器中 Hg^0 的捕集过程，得到吸附等温线的平衡数据、吸附动力学的关键数据；模拟结果表明少量的 Hg^0 可以被飞灰的稀释悬浮液吸附，使用飞灰控制 Hg^0 排放的最佳选择似乎是在布袋除尘器之前以脉冲形式注入。

综上所述，燃煤锅炉的实际烟气中含有多种气体成分，如 HCl、SO_2、CO_2、O_2、NO、NO_2 和 H_2O（水蒸气）等，比较复杂。这些气体在烟气冷却阶段与 Hg^0、Hg^{2+} 化合物之间的相互作用对汞吸附脱除的影响是不容忽视的。本节根据燃用典型煤种电厂实际烟气成分的范围配制模拟烟气，主要成分包括 HCl、SO_2、CO_2、O_2、NO、NO_2 和 H_2O（水蒸气），以 N_2 平衡，采用模拟烟气研究烟气各组分单独或共同存在的烟气氛围里飞灰对汞转化与吸附的机理。模拟烟气中的汞是由汞发生器产生的，并经由 N_2 携带与模拟烟气混合后进入实验炉中，用以研究烟气成分及其含量对燃煤飞灰汞吸附的影响规律，并在此基础上更加深入地进行飞灰汞吸附的机理研究。

4.2.1　HCl 对脱汞效果的影响

在基本实验条件下，主体反应器的温度为 150℃，电厂 1 的燃煤飞灰的用量为 50 g，水浴锅的温度为 60℃，汞渗透管的载气流量为 0.3 L/min，模拟烟气的流量为

20 L/min。在基本气氛条件下(压缩空气作为平衡气体,CO_2的含量为 12%,O_2的含量为 6%),为了研究 HCl 的含量对燃煤飞灰吸附烟气汞的贡献,设计了 HCl 的含量变化值 0、50 ppm、100 ppm。为了减小实验系统带来的误差,每组实验重复做三次,取其平均值。通过实验研究了不同 HCl 含量对燃煤飞灰吸附烟气汞的影响,如图 4.6 所示[8]。

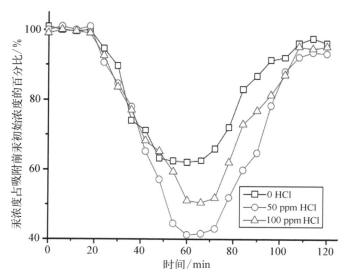

图 4.6 不同 HCl 含量对飞灰吸附烟气汞的影响

由图 4.6 可知,在烟气成分中加入 HCl 后,燃煤飞灰对烟气汞的脱除率有了很明显的提高,分别为 58.8% 和 49.5%,均优于不含有 HCl 时的结果,汞脱除率分别提高了约 21% 和 11.8%。不难发现在含有 HCl 的时候,吸附反应整体相对较为滞后,延迟了约 12 min,说明在含有 HCl 的烟气中,燃煤飞灰对汞的吸附不仅含有可逆性的物理吸附,而且还伴随着不可逆性的化学吸附。

加入 HCl 后,烟气汞的吸附效率整体提高,说明在较低的温度条件下,Hg^0 可与系统中的 Cl 发生化学反应,生成稳定的 $HgCl_2$ 和相对不稳定的 HgCl,迅速减少了烟气中的 Hg^0,从而达到较好的吸附效果,其可能发生的化学反应如下:

$$Hg^0(g) + 2HCl \longrightarrow HgCl_2(g) + H_2(g) \tag{4.1}$$

$$2Hg^0(g) + 4HCl(g) + O_2(g) \longrightarrow 2HgCl_2(g, s) + 2H_2O(g) \tag{4.2}$$

$$Hg^0(g) + HCl(g) \longrightarrow HgCl(g) + H \tag{4.3}$$

$$HCl(g) \longrightarrow Cl + H \tag{4.4}$$

$$Hg^0(g) + Cl_2(g) \longrightarrow HgCl_2(g, s) \tag{4.5}$$

$$HgCl(g) + Cl \longrightarrow HgCl_2(g) \tag{4.6}$$

$$HgCl(g) + HCl(g) \longrightarrow HgCl_2(g) + H \tag{4.7}$$

Sliger 等[38]测量了 860～1 171℃炉膛温度范围下汞的氧化数据,并与其他相关文献对比,推断汞的氧化发生于燃烧气体的热淬火过程,得出了均相氧化主要影响因素为 HCl 浓度、淬火率和背景气组分的结论;还认为,煤燃烧后氧化态的汞一般会转化为氯化汞(HgCl₂)。Hall 等[24]研究发现随着 HCl 浓度的增大,烟气中 Hg⁰ 的转化率较高,即 Hg²⁺ 在烟气成分中的比例逐渐升高。

从实验结果可知,当烟气中 HCl 的浓度从 0 增加到 50 ppm 时,燃煤飞灰对烟气汞的转化和吸附效率有了很大幅度的提高,然而当 HCl 的浓度从 50 ppm 增加到 100 ppm 时,脱除率开始有些降低。究其原因是因为随着 HCl 的浓度增加,飞灰颗粒表面的氯化物亦增加,一定程度上提高了飞灰对烟气汞的脱除率,但是氯化物的增多也使飞灰颗粒表面被部分覆盖,使氯原子与烟气汞接触的空间逐步减小,导致飞灰吸附能力减弱,从而降低脱除率。孟素丽[39]的实验研究同样表明,在模拟烟气成分条件下,随着 HCl 浓度的增加,燃煤飞灰的汞吸附能力逐渐增加,烟气中含有 50 ppm HCl 的时候燃煤飞灰对烟气汞的脱除率达到最大,随后飞灰对汞的吸附能力有所降低。

4.2.2　NO$_x$ 对脱汞效果的影响

为了研究 NO 对燃煤飞灰吸附烟气汞的影响,根据实际烟气成分中 NO 的真实含量的波动范围,配制模拟基本烟气(N₂ 作为平衡气体,CO₂ 的含量为 12%,O₂ 的含量为 6%),主体反应器的温度为 150℃,电厂 1 的燃煤飞灰的用量为 50 g,水浴锅的温度为 60℃,汞渗透管的载气流量为 0.3 L/min,模拟烟气的流量为 20 L/min。为了减小实验系统带来的误差,每组实验重复做三次。实验研究分析了烟气中不同含量(0、150 ppm 和 300 ppm)的 NO 对燃煤飞灰吸附烟气汞的影响,如图 4.7 所示[8]。

从图 4.7 可知,在加入 150 ppm NO 后,燃煤飞灰对烟气汞的脱除性能有所提高,其脱除率为 44.5%,比未加入 NO 时提高了 6.62 个百分点;加入 300 ppm NO 后,脱除率为 51.9%,较未加入 NO 时提高了 14.1 个百分点。可见在所研究的实验条件范围内,烟气中的 Hg⁰ 被燃煤飞灰捕捉的效率随着 NO 浓度的增加而升高。

从图 4.7 还可以看出,当烟气中存在 150 ppm NO 时,燃煤飞灰与烟气汞发生作用且达到最佳的动态平衡点的时间向后延长了约 6 min,而在烟气中加入 300 ppm NO 时,飞灰对烟气汞转化和吸附出现最佳效果的时间向后延长了 12 min,可能是 NO 的存在一开始阻碍了飞灰与烟气汞的接触,但随着实验过程的进行,接触概率

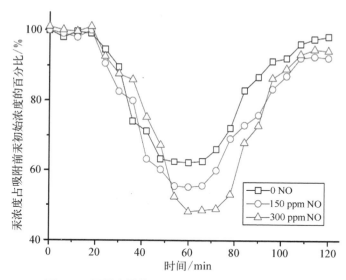

图 4.7　不同含量的 NO 对飞灰吸附烟气汞的影响

逐步增大,NO 与 O_2 充分接触,转化成 NO_2 强氧化剂,使得烟气中的 Hg^0 转化成更容易被飞灰吸附的 Hg^{2+},同时也可以说明燃煤飞灰与烟气汞的作用包括了物理吸附和化学吸附。整个过程中不难发现 NO 对烟气汞转化有着较大的促进作用,起作用的可能是转化生成的 NO_2 强氧化剂对烟气汞的氧化作用,也可能是在实验温度条件下,NO 的存在激发了飞灰颗粒表面部分无机或者有机矿物质组分的活性,这些矿物质可能含有 Al_2O_3、SiO_2 和 Fe_2O_3 等无机化学组分,这些具有一定活性的物质在燃煤飞灰吸附烟气汞时起了一定的催化作用,可能的反应机理如下:

$$NO(g) + O_2 \longrightarrow NO_2(g) + O \qquad (4.8)$$

$$Hg(g) + O \longrightarrow HgO(s, g) \qquad (4.9)$$

$$Hg(g) + NO_2(g) \longrightarrow HgO(s, g) + NO(g) \qquad (4.10)$$

$$Hg(g) + 2NO(g) \longrightarrow HgO(s, g) + N_2O(g) \qquad (4.11)$$

从上述反应过程可以发现,NO 首先与烟气成分中的 O_2 发生反应生成具有强氧化性的 NO_2 和部分氧原子(O),然后其中的部分 O 与气体中的 Hg^0 发生化学反应生成气固两种形态的 HgO,同时还有部分 Hg^0 被 NO_2 氧化生成气态和固态的 HgO,至此还继续生成 NO,最后烟气成分中的 NO 与 Hg^0 发生反应,生成气态和固态的 HgO,反应不断进行,直至烟气中的 Hg^0 脱除到最低的平衡状态。随着 NO 浓度的增加,整体的化学反应都向着脱除烟气汞的方向发展,这不难说明 NO 的存在会使烟气汞的捕捉能力提高,对烟气汞的脱除率有着较大提升作用,但随着 NO

浓度的增加应有一定的抑制作用。

　　为了研究 NO_2 对燃煤飞灰吸附烟气汞的影响,根据实际烟气成分中 NO_2 的真实含量,配制模拟基本烟气(N_2 作为平衡气体,CO_2 的含量为 12%,O_2 的含量为 6%),其他则采用与上面研究 NO 对烟气汞脱除影响时相同的实验参数。实验研究了不同含量(0、5 ppm、25 ppm 和 50 ppm)的 NO_2 对飞灰吸附烟气汞的影响,如图 4.8 所示[8]。

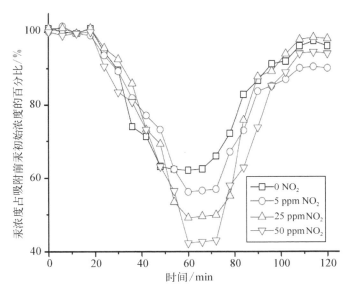

图 4.8　不同含量的 NO_2 对飞灰吸附烟气汞的影响

　　从图 4.8 可知,在烟气成分中没有加入 NO_2 时,燃煤飞灰对烟气汞的转化与脱除率仅为 37.82%;而当烟气成分中加入 NO_2 时,汞的脱除率随着 NO_2 浓度的增加而提高,其脱除率分别为 43.8%、50.9% 和 57.7%。从图中不难看出,在加入 50 ppm NO_2 后,经过 42 min 烟气中 Hg^0 的比例以较快的速度下降,说明此时烟气中 NO_2 对 Hg^0 的氧化速度较快或者催化作用较快,同时也说明烟气中 Hg^0 的转化率随着 NO_2 浓度的增加而增加,但是最佳浓度值没有确定,其可能的反应机理如下:

$$Hg(g) + NO_2(g) \longrightarrow HgO(s,\ g) + NO(g) \tag{4.12}$$

$$NO(g) + O_2(g) \longrightarrow NO_2(g) + O \tag{4.13}$$

$$Hg(g) + O \longrightarrow HgO(s,\ g) \tag{4.14}$$

$$Hg(g) + 2NO(g) \longrightarrow HgO(s,\ g) + N_2O(g) \tag{4.15}$$

为了更加直观地反映燃煤飞灰吸附剂对模拟烟气中 Hg^0 的吸附效果,在笔者自行开发的实验系统上研究燃煤飞灰对烟气汞的形态分布的变化,如图 4.9 所示[8]。

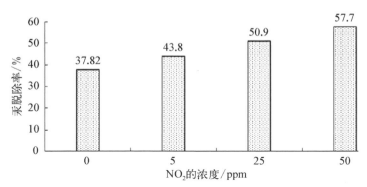

图 4.9　烟气中 NO_2 对飞灰吸附汞的脱除率的影响

从图 4.9 可知,在烟气成分中加入 NO_2 后,Hg^0 的脱除率显著提高,然而达到最佳吸附效果的时间推迟了约 12 min,这说明在 NO_2 存在的条件下,燃煤飞灰对烟气汞的吸附不仅存在物理吸附,而且同时存在化学吸附。众所周知,NO_2 本身是一种氧化性较强的氧化剂,可以提高烟气中的 Hg^{2+} 的浓度,而 Hg^{2+} 比较容易被燃煤飞灰表面的一些化学组分所吸附,包括 Al_2O_3、SiO_2 和 Fe_2O_3 等。

4.2.3　SO_x 对脱汞效果的影响

采用与研究 HCl 对烟气汞脱除影响时相同的实验设备和参数,汞渗透管的载气流量为 300 mL/min,总烟气流量为 500 mL/min,在基本气氛条件下(N_2 含量为 92%,O_2 含量为 8%)进行实验。为了研究不同 SO_2 的浓度对燃煤飞灰脱除汞的影响规律,进行了 SO_2 为 0、100 ppm、300 ppm 和 500 ppm 四种不同浓度烟气条件下的燃煤飞灰脱除汞的实验,实验结果如图 4.10 所示[8]。

从图 4.10 可知,当 SO_2 的浓度为 100 ppm 时,飞灰对汞在稳定阶段的脱除率为 7.68%;当 SO_2 的浓度为 300 ppm 时,脱除率为 13.59%;当 SO_2 的浓度为 500 ppm 时,脱除率为 5.81%。可以看出,烟气中 SO_2 对汞的脱除较为复杂,随着浓度的增加,汞的脱除率先增加后减小。

相对于原灰对汞的脱除率而言,汞脱除率变化依赖于 SO_2 的浓度,浓度偏小或偏大都不利于飞灰汞脱除性能的提高。合适的 SO_2 的浓度可以适当提高飞灰对汞的脱除率,但是总体而言,SO_2 提升飞灰的汞吸附性能的效果要远小于 HCl,对提升飞灰的汞脱除率的作用并不明显。

在基本实验条件下,采用与研究 HCl 对烟气汞脱除影响时相同的实验设备和

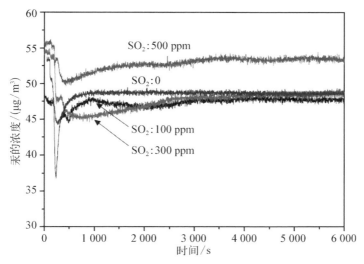

图 4.10　SO₂ 烟气下汞浓度随吸附时间的变化

参数。为了单独研究 SO₂ 的含量对燃煤飞灰吸附烟气汞的贡献，设计了 SO₂ 的浓度变化值为 0、500 ppm、1 000 ppm 和 2 000 ppm。为了减小实验系统带来的误差，每组实验重复做三次，取其平均值。通过实验研究分析了不同含量的 SO₂ 对燃煤飞灰吸附汞的影响，如图 4.11 所示[8]。

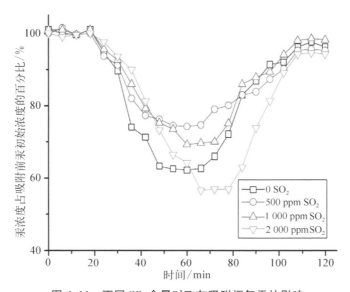

图 4.11　不同 SO₂ 含量对飞灰吸附烟气汞的影响

由图 4.11 可知滞后的时间各不相同，含有 2 000 ppm SO₂ 的烟气滞后时间最长，500 ppm SO₂ 的滞后时间较短，1 000 ppm SO₂ 处于中间状态，说明较低浓度的 500 ppm SO_2 对燃煤飞灰吸附烟气汞的抑制作用弱于浓度为 1 000 ppm 和 2 000 ppm 的 SO_2，从侧面反映出低浓度 SO_2 对吸附具有一定的抑制作用，然而随着浓度的增加其中部分 SO_2 开始氧化烟气中的汞，对燃煤飞灰颗粒捕捉气体汞具有一定的促进作用，而且浓度越高对烟气汞的促进作用越明显。可能包含的化学反应机理如下：

$$Hg(g) + \frac{1}{2}O_2(g) \longrightarrow HgO(s, g) \tag{4.16}$$

$$HgO(s, g) \longrightarrow Hg(g) + \frac{1}{2}O_2(g) \tag{4.17}$$

$$2SO_2(g) + 2HgO(s, g) + O_2(g) \longrightarrow 2HgSO_4(s, g) \tag{4.18}$$

从图 4.11 不难看出，浓度不同的 SO_2 对燃煤烟气中汞的转化与吸附的贡献各不相同，飞灰吸附烟气汞的最佳平衡点也不尽相同。浓度为 2 000 ppm 的 SO_2 最佳平衡点出现时间最晚，500 ppm 的 SO_2 的平衡时间最短。这一方面说明烟气中存在 SO_2 的条件下，燃煤飞灰对烟气汞的吸附不仅有物理吸附，而且还有化学吸附；另一方面说明当加入不同浓度的 SO_2 时，燃煤飞灰与烟气汞的反应相对滞后，在飞灰吸附烟气汞的前期，SO_2 的存在抑制了飞灰颗粒对汞原子的吸附，可能由于 SO_2 在进入反应器内迅速包裹在飞灰颗粒表面，从而增加了气相汞原子进行外扩散的阻力，不利于烟气汞原子向飞灰颗粒内部进一步扩散，但是后期 SO_2 浓度的增加有利于化学吸附的进行。

在较低温度条件下，燃煤飞灰与烟气汞的异相反应较慢，且反应机理比较复杂。燃煤飞灰的化学组成和矿物质结构以及形成条件各不相同，造成了飞灰成分的复杂性，飞灰中的一些金属无机矿物质在烟气汞的形态转化和吸附过程中有催化和氧化作用。在模拟烟气的条件下，通过配制模拟燃煤飞灰研究其中各主要成分对汞形态转化的贡献，发现燃煤飞灰组分中的 Fe_2O_3 对烟气中的汞可以起到一定的氧化和催化作用。

从上述化学反应可知，随着吸附反应的不断进行，生成了较多气固两相的 HgO 和 $HgSO_4$，这些固体颗粒或者气相原子黏附在飞灰颗粒表面，烟气中的 Hg^0 不断地向 Hg^{2+} 转化，从而达到燃煤飞灰对烟气吸附的最好效果。但飞灰颗粒表面的空间是有限的，随着这些生成物的不断增加，最终达到一个相对饱和的动态平衡状态。

4.2.4 H_2O 对脱汞效果的影响

为了研究 H_2O（水蒸气）对燃煤飞灰吸附烟气汞的影响，根据实际烟气成分中

H_2O(水蒸气)含量的波动范围,配制模拟烟气(N_2 作为平衡气体,CO_2 的含量为 12%,O_2 的含量为 6%),并采用与研究 HCl 对烟气汞脱除影响时相同的实验设备和参数。为了减小实验系统带来的误差,每次实验重复做三次。实验分析了不同含量(0、5% 和 8%)的 H_2O(水蒸气)对飞灰吸附汞的影响,如图 4.12 所示[8]。

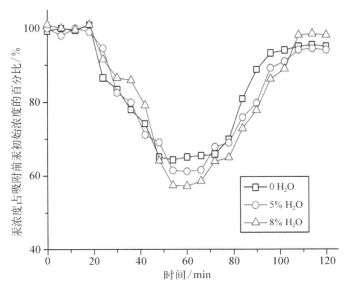

图 4.12　不同含量的 H_2O(水蒸气)对飞灰吸附烟气汞的影响

从图 4.12 可以看出,在模拟烟气中添加不同含量(5% 和 8%)的 H_2O(水蒸气)时,烟气对汞的脱除效果有一定程度的提高,分别为 39.2% 和 42.9%。实验结果发现当加入不同含量的 H_2O(水蒸气)时,飞灰脱除烟气汞的最大效果相应延迟了约 6 min,可以说明该反应同时包括了物理和化学吸附作用,同时,烟气汞的脱除率随着 H_2O(水蒸气)浓度的增加而升高,但是最佳的浓度范围尚未确定。

当烟气成分中加入 H_2O(水蒸气)时,H_2O 发生反应分离出部分氧原子(O),使得氧原子(O)与部分 O_2 继续发生化学反应生成氧化性更强的臭氧(O_3),促使 O_3 对烟气中的部分 Hg^0 进行氧化,生成 Hg^{2+},促进飞灰对汞的吸附作用。但是从实验结果来看,其脱除效果没有很大幅度的提高,说明经过化学反应生成 O_3 的含量极少,不能满足对烟气中 Hg^0 完全氧化的需求。在实验过程中可能发生的反应如下:

$$H_2O(g) + O_2(g) \longrightarrow 2OH + O \tag{4.19}$$

$$Hg(g) + O \longrightarrow HgO(s,\ g) \tag{4.20}$$

$$O + O_2(g) \longrightarrow O_3(g) \tag{4.21}$$

$$Hg(g) + O_3(g) \longrightarrow HgO(s, g) + O_2(g) \tag{4.22}$$

4.3 飞灰改性对脱汞效果的影响

飞灰的汞吸附效率非常低,且成分和含量非常复杂,分析较为困难,与汞的作用机理研究仍然不完善、不全面,导致提高飞灰吸附效率的方法严重缺乏。因此,改进飞灰性能,提高汞的脱除效率,是飞灰在汞污染治理工业应用中的关键。为了获得消耗量小、性能高效的飞灰脱汞吸附剂,对飞灰进行改性已经成为近年研究的焦点。常用的改性化学物质有硫、氯、溴、碘及其化合物。有研究表明,经溴化钠(NaBr)改性的燃煤飞灰吸附剂比表面积增大很多:一方面,在改性制备过程中,飞灰的玻璃体遭到破坏,其内部的活性物质被释放出来;另一方面,在改性过程中,改善了表面特性,提高了物理活性,多孔颗粒黏结遭到破坏,玻璃体坚固的保护膜受损,其内部的氧化硅和氧化铝被释放出来,断键增多,比表面积增大,反应接触面积增大,活性组分增加,提高了飞灰的活性。

Cao 等[40]研究了在低卤素煤燃烧得到的飞灰和低点火损失飞灰,发现烟气中 Hg^0 的含量较高(平均为 75%),并且静电除尘器(ESP)和湿法烟气脱硫(WFGD)设备对汞的脱除效率较差。通过在烟道里喷入溴化氢(HBr)或在真实烟气中同时加入 HBr 和飞灰,停留时间为 1.4 s,反应温度平均为 155℃,同时喷入 HBr 和沥青飞灰,能够将汞的脱除率提高 30%。

Baek 等[41]研究了重油燃烧产生的飞灰(重油飞灰)对气态元素汞的脱除率。分别对原灰、二氧化碳活化的重油飞灰、硫改性(浸渍)的重油飞灰进行实验,对其形态、比表面积、粒径和化学成分进行分析,通过固定床实验比较重油飞灰和活性炭对汞的脱除率,发现二氧化碳活化的重油飞灰的汞脱除率比原灰略高,而硫改性的重油飞灰对汞的脱除率有了明显提高,尽管其比表面积比另外两种飞灰的小,这是由于硫浸渍改性的重油飞灰在表面形成了活性位,有利于气态 Hg^0 的捕获。

Presto 等[42]认为在汞的吸附剂表面有两种活性位:一种是稳定的活性位,在汞和吸附剂之间具有很高的结合能,这主要用于捕捉汞;另一种是催化活性位,也能捕捉汞,但结合能较低,汞容易从吸附剂中重新逸出,这种活性位用于 Hg^0 的催化氧化。Zhao 等[43]在此基础上将飞灰表面的活性位划分为四种类型,即低结合能的催化氧化活性位、催化氧化活性位、吸附活性位和高结合能的吸附活性位,并认为晶格氧对汞的氧化起了很大作用,飞灰氧化 Hg^0 遵循马尔斯-梅森(Mars-Maessen)机理。

Maroto-Valer 等[17]对未活化的飞灰碳与活化的飞灰碳进行了对比实验,结果是未活化的飞灰碳要比活化的飞灰碳具有更强的汞吸附能力，主要的原因是活化的飞灰碳的表面含氧官能团和卤素在活化过程中被释放出去，使碳表面的活性位大大减少，降低了脱汞效率。

Hower 等[44]研究了烟气中酸性气体对汞的氧化性能的影响，发现含氯较高的煤种燃烧生成的飞灰碳更易吸附汞。在燃煤锅炉炉膛里，汞是以气态元素汞形态存在的，尽管热力学平衡表明在燃煤电厂大气污染控制设备的温度条件下，汞被部分氯化成 $HgCl_x$，但这在燃煤锅炉里是有动力学限制的，一小部分的汞发生了均相氧化反应，同时汞也和飞灰发生异相氧化反应。在合适的大气污染物控制设备（APCDs）温度下，烟气中的酸性气体能够增强汞的氧化。卤素添加到碳中保证在较高温度下维持热稳定性，因此卤素将在较高的温度区间内和碳反应，形成碳的活性位，这将有利于与汞发生反应，这些颗粒物过渡到低温区时能与汞形成稳定化合物。

4.3.1　飞灰卤素改性对脱汞效果的影响

研究 NaBr 改性燃煤飞灰对烟气汞形态转化的实验，在实验条件下，主体反应器的温度为 150℃，改性飞灰的用量为 50 g，水浴锅的温度为 60℃，汞渗透管的载气流量为 0.3 L/min，模拟烟气的流量为 20 L/min。为了减小实验系统带来的误差，每个改性灰样重复做三次。采用 NaBr 对电厂 1 燃煤飞灰进行化学浸渍改性，燃煤飞灰改性前后的吸附效果如图 4.13 所示[8]。

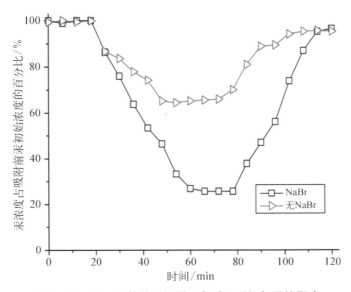

图 4.13　NaBr 改性前后燃煤飞灰对吸附烟气汞的影响

从图 4.13 可以看出,经过 NaBr 改性后的燃煤飞灰对烟气汞的脱除效果大幅度上升,脱除率为 74.34%,较未改性的燃煤飞灰效率提高了 1 倍多,可见化学浸渍改性对提高飞灰对烟气汞的吸附脱除作用有较大改善,为开发较为廉价且脱除性能较好的燃煤飞灰汞吸附剂提供了新的思路和参考。从图 4.13 不难发现,改性后的燃煤飞灰的吸附性能有很大幅度的提升,其主要原因如下:一方面 NaBr 溶解到飞灰的孔隙结构中时间足够长,破坏了飞灰的化学组成,即发生了化学反应,将 Al_2O_3、Fe_2O_3 和 CaO 等转化为溴化物,如 $AlBr_3$、$FeBr_3$ 和 $CaBr_2$ 等,这些溴化物使飞灰发生了较为强烈的化学反应;另一方面改性后的飞灰的比表面积增大,孔内的许多杂质可能在改性过程中被除去,打通了 Hg^0 进入飞灰表面孔隙的通道,从而为 Hg^0 提供更多的吸附空间。

4.3.2　Mn、Ce 和 Fe 改性飞灰对汞吸附脱除的影响

针对飞灰中 Fe 和 Mn 元素可能对汞脱除产生影响,同时针对 CeO_2 等有助于汞脱除的前期研究结果,探索 Mn、Ce 和 Fe 共掺杂改性新型吸附剂的制备及其脱汞性能。

研究 Mn－Ce－Fe 三种元素的改性催化剂材料之前,首先制备材料,采用常用的负载型催化剂的制备方法即浸渍法。实验所用化学试剂为 $C_4H_6MnO_4 \cdot 4H_2O$、$Ce(NO_3)_3 \cdot 6H_2O$ 和 $Fe(NO_3)_3 \cdot 9H_2O$,分别用以提供 Mn、Ce 和 Fe 元素。为研究 Fe 元素的影响,实验中固定 Mn 和 Ce 的含量,改变 Fe 的含量,制备四种不同的催化剂样品,即 $C_4H_6MnO_4$、$Ce(NO_3)_3$、$Fe(NO_3)_3$ 分别以 Mn:Ce:Fe(物质的量比,下同)为 5:4:0、5:4:1、5:4:2 和 5:4:3 进行混合。实验过程如下:称取适量 $C_4H_6MnO_4$、$Ce(NO_3)_3$、$Fe(NO_3)_3$ 样品,加入 100 mL 去离子水,利用磁力加热搅拌器搅拌 1 h 后,放入 120℃的烘箱中干燥 18 h,然后在 500℃的马弗炉内焙烧 6 h,冷却后取出研磨,利用机械振动筛获取 40～80 目的催化剂颗粒,备用。

改性飞灰的晶体结构分析表明:Mn:Ce:Fe 为 5:4:0 的样品主要晶体结构包含了 CeO_2 和 Mn_2O_3;Mn:Ce:Fe 为 5:4:1 的样品主要晶体结构包含了 CeO_2、Mn_2O_3、Fe_2O_3 和 $(Mn_{0.98}Fe_{0.017})_2O_3$;Mn:Ce:Fe 为 5:4:2 的样品主要晶体结构包含了 CeO_2、Mn_2O_3、Fe_2O_3、Mn_3N_2、MnO_2 和 $Ce(OH)_3$;Mn:Ce:Fe 为 5:4:3 的样品主要晶体结构包含了 CeO_2、Mn_2O_3、Fe_2O_3、Mn_3N_2、MnO_2 和 $Ce(OH)_3$。

对所制备的 Mn－Ce－Fe 混合的四种样品进行汞脱除实验,获取其与汞之间的作用规律。实验采用上述汞吸附性能实验方法,结果如图 4.14 所示[8]。可以看出,随着 Fe 含量的变化,汞的脱除效果不同。Fe 含量逐步增加时,汞的脱除率逐步增加,当 Mn－Ce－Fe 的配比为 5:4:2 时,汞的脱除率达到最大值 97.01%;而 Fe 含量继续增加后,汞的脱除率出现急剧降低,为 39.09%。因此 Fe 与汞之间表

现出复杂的关系,相对于 Fe 含量而言,汞的脱除率存在着最大值。可见,飞灰中 Fe 和 Mn 的含量非常重要,合适的 Fe 和 Mn 的含量可以大幅度提高汞的脱除率,但提高 Fe 含量不能作为提高汞的脱除率的手段,这也表明了飞灰脱汞的复杂性。

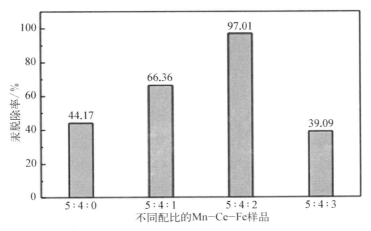

图 4.14　Mn - Ce - Fe 样品的脱汞效率

4.3.3　S 改性碳基材料对汞脱除的影响

前述研究表明,飞灰中的 S 元素也影响汞的脱除效果,而飞灰中的 S 元素多以 SO_4^{2-} 的形式存在;同时现有的湿法除尘和污染物治理等容易形成硫酸,并随着烟气流入烟道。因此本节针对飞灰中的 S 元素的影响进行实验研究,探究其与汞之间的作用机理,以及对汞脱除的影响。考虑到无机成分中的 S 元素多以硫酸盐为主,其成分和结构确定,与汞的作用相对简单,脱汞性能较低,而有机成分的结构成分多样,脱汞机理复杂,受外界影响较大,作为研究对象更有意义,于是选用活性炭模拟飞灰的有机成分。活性炭具有非常活跃的汞吸附特性,容易在表面吸附 SO_4^{2-}。根据电厂烟气实际工况,SO_4^{2-} 来源于硫酸盐和硫酸,采用 Na_2SO_4 和 H_2SO_4 进行改性,研究 S 改性活性炭的脱汞特性,对其吸附机理进行探究。

材料制备前,首先对活性炭进行预处理。将活性炭与去离子水按质量 m(活性炭)∶体积 V(去离子水)=1∶10(g/mL)的比例混合,加热到 100℃温度下持续 30 min,冷却后过滤;反复操作三次后,在烘箱中 110℃下烘干,研磨至 200 目,放入干燥器中备用,该样品记为 AC1。选用不同浓度(分别为 30%、60%、98%)的 H_2SO_4 及与之相对应的含 SO_4^{2-} 的 Na_2SO_4 溶液。取活性炭原样(AC1)按 m(活性炭)∶V(试剂溶液)=1∶10(g/mL)的比例搅匀,在烘箱中 110℃下烘干,研磨至 200 目得到相应的 S 改性活性炭,即 0.55 mol/L Na_2SO_4 溶液改性的活性炭、1.65 mol/L

Na_2SO_4溶液改性的活性炭、2.75 mol/L Na_2SO_4溶液改性的活性炭、30% H_2SO_4溶液改性的活性炭、60% H_2SO_4溶液改性的活性炭和98% H_2SO_4溶液改性的活性炭,分别记为AC2、AC3、AC4、AC5、AC6和AC7,将制备好的样品置于干燥器中备用。

对所制备的S改性的六种样品进行汞脱除实验,获取SO_4^{2-}与汞的作用规律。考虑到对比性,活性炭原样也进行汞脱除性能的研究。采用上述的汞吸附性能实验方法,温度为120℃,测量吸附前后汞的浓度,计算汞的脱除率。实验结果如图4.15所示,从图中可以看出,活性炭对汞的吸附效率较高,达到93.25%。但是,采用硫酸盐和硫酸改性后的活性炭的汞吸附效率大幅降低,这表明S元素改性并不能促进活性炭对汞的脱除。同时注意到,所有S元素改性后的活性炭对汞的吸附效率仍然在40%以上,这也表明,SO_4^{2-}对汞有部分作用,但是与活性炭相比,其作用效果要弱很多,所以SO_4^{2-}对汞的作用是有限的。飞灰中的有机物成分多样,对汞的吸附能力差别也较大,因此SO_4^{2-}对飞灰脱汞性能的影响较为复杂,依赖飞灰中有机物的特性:当有机物的脱汞效率低于SO_4^{2-}时,硫化作用可以提升飞灰的脱汞效率;当有机物的脱汞效率高于SO_4^{2-}时,硫化作用将会降低飞灰的脱汞效率。

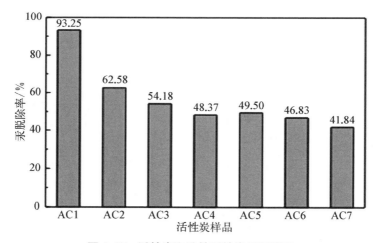

图 4.15　活性炭和改性活性炭汞吸附率

相对于浓度而言,可以看出,经过Na_2SO_4和H_2SO_4处理后的活性炭均出现SO_4^{2-}浓度越低,汞的脱除率越高的规律,这可能与SO_4^{2-}和汞在活性炭上竞争性吸附有关。SO_4^{2-}首先被活性炭吸附,占据了活性炭的活性位置,随着浓度的增加,活性炭的活性空位越来越少,导致高浓度SO_4^{2-}处理后的活性炭的汞吸附能力下降。实验结果还表明:经过Na_2SO_4处理的活性炭对汞的吸附能力高于经过H_2SO_4处理的活性炭。可能是H_2SO_4溶液中的H^+也占用活性炭的活性位,使得活性炭的吸附能力有所下降。因此,可以看出,竞争性吸附可能是导致S改性活性炭脱汞性能下降的主要原因。

4.4　本章小结

本章针对飞灰的粒径分布、比表面积、烟气成分以及飞灰的改性对汞的吸附性能的影响进行了实验研究,主要结论如下:

(1) 飞灰粒径对飞灰吸附烟气汞的性能具有一定的影响,选择粒径合适的燃煤飞灰作为脱除汞的廉价吸附剂是非常关键的,因为粒径合适的飞灰能吸附气相汞原子且不易重新释放出来。所研究的飞灰样品中,大颗粒的燃煤飞灰有利于烟气中汞的脱除,较小颗粒的燃煤飞灰对气态汞也有一定的脱除能力。粒径较大的 D1AS-1 飞灰样品的汞脱除率最大;而粒径较小的 D1AS-4 和 D1AS-5 飞灰样品对烟气中的汞也有一定的吸附效果,但效率相对较低。

(2) 除 D1AS-1 飞灰样品外,飞灰对汞的脱除率随着比表面积的增大呈上升趋势,即正相关。当飞灰颗粒比表面积较大时,其表面的微孔数量较多,能为烟气中汞原子在飞灰颗粒表面发生外扩散提供较多的着落点,从而为燃煤飞灰颗粒吸附烟气汞提供较多的吸附位。而比表面积较小的飞灰颗粒也能对烟气汞产生一定的吸附作用,这主要得益于飞灰中的相关成分促进 Hg^0 向 Hg^{2+} 转化,发生了化学吸附。

(3) 烟气成分对汞的转化和吸附起着不容忽视的作用。烟气中的 HCl 有利于提高飞灰对汞的脱除率。当烟气中 HCl 的浓度从 0 增加到 50 ppm 时,燃煤飞灰对烟气汞的转化和吸附效率有很大幅度的提高;但是氯化物的增多也使飞灰颗粒表面被部分覆盖,使氯原子与烟气汞的接触空间逐步减小,导致飞灰吸附能力减弱。当 HCl 的浓度从 50 ppm 增加到 100 ppm 时,飞灰对汞的脱除率有所降低。NO 的存在会提高对烟气汞的捕捉能力,在实验范围内,随着 NO 浓度的增加,化学反应向脱除烟气汞的方向发展,对烟气汞的脱除率有较大提升作用。燃煤飞灰对烟气汞的吸附存在物理吸附和化学吸附,在烟气成分中加入 NO_2 后,化学吸附得到一定程度的加强,Hg^0 的脱除率显著提高,但达到最佳吸附效果的时间推迟约 12 min。烟气中 SO_2 与汞会竞争吸附点位,且 SO_2 包裹在飞灰颗粒表面,会增加气相汞向飞灰表面扩散的阻力,不利于烟气汞向飞灰颗粒内部进一步扩散,但是随着 SO_2 浓度的增加,却促进了飞灰对汞的化学吸附。浓度不同的 SO_2 对燃煤烟气中汞的转化与吸附的贡献不同,飞灰吸附烟气汞的最佳平衡点也不尽相同,浓度为 2 000 ppm 的 SO_2 时间最长,500 ppm SO_2 的平衡时间最短。H_2O(水蒸气)对飞灰脱除烟气汞有提升作用,但极其有限。

(4) 化学浸渍改性对提高飞灰脱除烟气汞的效率有明显的促进作用。经过

NaBr 改性后的燃煤飞灰对烟气汞的脱除效果大幅度上升,脱除率为 74.34%,较未改性的燃煤飞灰效率提高 1 倍多,为开发高效廉价的燃煤飞灰汞吸附剂提供了技术路径。经 Mn - Ce - Fe 浸渍改性的飞灰中 Fe 和 Mn 的含量非常重要,合适的 Fe 和 Mn 含量可以大幅度提高汞的脱除率。随着 Fe 含量的增加,汞的脱除率逐步提升,当 Mn - Ce - Fe 的配比为 5:4:2 时,汞的脱除率达到最大值 97.01%,但随着 Fe 的含量继续增加,汞的脱除率会急剧降低。

(5) S 改性对飞灰脱除烟气汞的影响较为复杂。采用不同浓度的 H_2SO_4 和相同浓度的 Na_2SO_4 溶液分别浸渍,结果表明,S 改性对飞灰脱汞的性能有复杂影响:当有机物的脱汞效率低于 SO_4^{2-} 时,硫化作用可以提升飞灰的脱汞效率;当有机物的脱汞效率高于 SO_4^{2-} 时,硫化作用将会降低飞灰的脱汞效率。SO_4^{2-} 浓度越低,汞吸附效率就越高,SO_4^{2-} 和汞的竞争可能是高浓度 SO_4^{2-} 改性后汞吸附能力下降的原因。经 Na_2SO_4 处理的飞灰对汞的吸附能力高于经 H_2SO_4 处理的,主要是 H_2SO_4 溶液中的 H^+ 也占用活性位,使得吸附能力有所下降。竞争性吸附可能是导致 S 改性后飞灰脱汞性能下降的主要原因。

参 考 文 献

[1] LOPEZ - ANTON M A, DIAZ - SOMOANO M, MARTINEZ - TARAZONA M R. Mercury retention by fly ashes from coal combustion: influence of the unburned carbon content[J]. Industrial & engineering chemistry research, 2007, 46(3): 927 - 931.

[2] SUAREZ - RUIZ I, PARRA J B. Relationship between textural properties, fly ash carbons, and Hg capture in fly ashes derived from the combustion of anthracitic pulverized feed blends[J]. Energy & fuels, 2007, 21(4): 1915 - 1923.

[3] LU Y Q, ROSTAM - ABADI M, CHANG R, et al. Characteristics of fly ashes from full-scale coal-fired power plants and their relationship to mercury adsorption[J]. Energy & fuels, 2007, 21(4): 2112 - 2120.

[4] LOPEZ - ANTON M A, ABAD - VALLE P, DIAZ - SOMOANO M, et al. The influence of carbon particle type in fly ashes on mercury adsorption[J]. Fuel, 2009, 88(7): 1194 - 1200.

[5] ARIYA P A, AMYOT M, DASTOOR A, et al. Mercury physicochemical and biogeochemical transformation in the atmosphere and at atmospheric interfaces: a review and future directions[J]. Chemical reviews, 2015, 115(10): 3760 - 3802.

[6] HOWER J C, GROPPO J G, GRAHAM U M, et al. Coal-derived unburned carbons in fly ash: a review[J]. International journal of coal geology, 2017, 179: 11 - 27.

[7] 施雪,张锦红,吴江,等.燃煤飞灰与烟气汞作用的实验研究[J].华东电力,2014,42(1): 189 - 192.

[8] 何平.燃煤飞灰与烟气中汞的作用实验与机理研究[D/OL].上海:上海交通大学,2017

[2020 - 05 - 06]. https：//kns. cnki. net/KCMS/detail/detail. aspx? dbcode＝CDFD＆dbname＝
CDFDLAST2019＆filename＝1019610369. nh＆uid＝WEEvREcwSlJHSldRa1FhcEFLUmV
iU1FCRTAyeWdrSHU3Rit5MHpzYmtMbz0＝＄9A4hF_YAuvQ5obgVAqNKPCYcEjKens
W4IQMovwHtwkF4VYPoHbKxJw！！＆v＝MDE5NzJGeXpuVzcvT1ZGMjZGN1c1SHRM
S3BwRWJQSVI4ZVgxTHV4WVM3RGgxVDNxVHJXTTFGGckNVUjdxZll1WnA＝.

[9] 潘雷.燃煤飞灰与烟气汞作用机理的研究[D/OL].上海：上海电力学院,2011[2020 - 05 - 06].
https：//cc0eb1c56d2d940cf2d0186445b0c858. vpn. njtech. edu. cn/KCMS/detail/detail. aspx?
dbcode＝CMFD＆dbname＝CMFD2012＆filename＝1011305213. nh＆v＝MDM0NzBacEZ
Dbm1VTC9OVkYyNkg3QzRHOVBOckpFYlBJUjhlWDFMdXhZUzdEaDFFUM3FUcldNMU
ZyQ1VSN3FmWXU＝.

[10] 江贻满,段钰锋,杨祥花,等.ESP 飞灰对燃煤锅炉烟气汞的吸附特性[J].东南大学学报(自
然科学版),2007,37(3)：436 - 440.

[11] 郭欣,郑楚光,贾小红.煤粉锅炉燃烧产物中汞,砷分布特征研究[J].工程热物理学报,2004,
25(4)：714 - 716.

[12] AGARWAL H, STENGER H G, WU S, et al. Effects of H_2O, SO_2, and NO on
homogeneous Hg oxidation by Cl_2[J]. Energy ＆ fuels, 2006, 20(3)：1068 - 1075.

[13] ZHAO L K, LI C T, ZHANG X N, et al. A review on oxidation of elemental mercury
from coal-fired flue gas with selective catalytic reduction catalysts[J]. Catalysis science ＆
technology, 2015, 5：3459 - 3472.

[14] AGARWAL H, ROMERO C E, STENGER H G. Comparing and interpreting laboratory
results of Hg oxidation by a chlorine species[J]. Fuel processing technology, 2007, 88(7)：
723 - 730.

[15] ZHAO Y X, MANN M D, OLSON E S, et al. Effects of sulfur dioxide and nitric oxide on
mercury oxidation and reduction under homogeneous conditions[J]. Journal of the air ＆
waste management association, 2006, 56(5)：628 - 635.

[16] WANG F Y, WANG S X, MENG Y, et al. Mechanisms and roles of fly ash compositions
on the adsorption and oxidation of mercury in flue gas from coal combustion[J]. Fuel,
2016, 163：232 - 239.

[17] MAROTO - VALER M M, ZHANG Y Z, GRANITE E J, et al. Effect of porous structure
and surface functionality on the mercury capacity of a fly ash carbon and its activated sample
[J]. Fuel, 2005, 84(1)：105 - 108.

[18] USBERTI N, ACOVE S, NASH M, et al. Kinetics of Hg^0 oxidation over a $V_2O_5/MoO_3/$
TiO_2 catalyst：experimental and modelling study under $DeNO_X$ inactive conditions[J].
Applied catalysis B：environmental, 2016, 193：121 - 132.

[19] HOWER J C, MASTALERZ M, DROBNIAK A, et al. Mercury content of the springfield
coal, Indiana and Kentucky[J]. International journal of coal geology, 2005, 63(3 - 4)：
205 - 227.

[20] YANG Y J, LIU J, ZHANG B K, et al. Experimental and theoretical studies of mercury
oxidation over CeO_2 - WO_3/TiO_2 catalysts in coal-fired flue gas[J]. Chemical engineering
journal, 2017, 317：758 - 765.

[21] 乔瑜,徐明厚,冯荣,等.Hg/O/H/Cl 系统中汞的氧化动力学研究[J].中国电机工程学报, 2002,22(12):138-141,151.

[22] 刘迎晖,徐杰英,郑楚光,等.燃煤烟气中汞的形态分布及热力学模型预报[J].华中科技大学学报(自然科学版),2001,29(8):90-92.

[23] SENIOR C L, SAROFIM A F, ZENG T F, et al. Gas-phase transformations of mercury in coal-fired power plants[J]. Fuel processing technology, 2000, 63(2-3):197-213.

[24] HALL B, SCHAGER P, LINDQVIST O, et al. Chemical reactions of mercury in combustion flue gases[J]. Water, air & soil pollution, 1991, 56:3-14.

[25] LI Y H, LEE C W, GULLETT B K. The effect of activated carbon surface moisture on low temperature mercury adsorption[J]. Carbon, 2002, 40(1):65-72.

[26] YANG Y J, LIU J, SHEN F H, et al. Kinetic study of heterogeneous mercury oxidation by HCl on fly ash surface in coal-fired flue gas[J]. Combustion and flame, 2016, 168:1-9.

[27] 李晓航,刘红刚,路建洲,等.煤粉炉和循环流化床锅炉飞灰吸附汞动力学及其吸附机制[J].化工学报,2019,70(11):4397-4409.

[28] 王立刚,彭苏萍,陈昌和.燃煤飞灰对锅炉烟道气中 Hg⁰ 的吸附特性[J].环境科学,2003, 24(6):59-62.

[29] GIBB W H, CLARKE F, MEHTA A K. The fate of coal mercury during combustion[J]. Fuel processing technology, 2000, 65-66:365-377.

[30] NODA N, ITO S. The release and behavior of mercury, selenium, and boron in coal combustion[J]. Powder technology, 2008, 180(1-2):227-231.

[31] RUBEL A M, HOWER J C, MARDON S M, et al. Thermal stability of mercury captured by ash[J]. Fuel, 2006, 85(17-18):2509-2515.

[32] LOPEZ-ANTON M A, DIAZ-SOMOANO M, MARTINEZ-TARAZONA M R. Retention of elemental mercury in fly ashes in different atmospheres[J]. Energy & fuels, 2007, 21(1):99-103.

[33] WANG J M, WANG T, MALLHI H, et al. The role of ammonia on mercury leaching from coal fly ash[J]. Chemosphere, 2007, 69(10):1586-1592.

[34] DUNHAM G E, DEWALL R A, SENIOR C L. Fixed-bed studies of the interactions between mercury and coal combustion fly ash[J]. Fuel processing technology, 2003, 82(2-3):197-213.

[35] LOPEZ-ANTON M A, ABAD-VALLE P, DIAZ-SOMOANO M, et al. Comparison of mercury retention by fly ashes using different experimental devices[J]. Industrial & engineering chemistry research, 2009, 48(23):10702-10707.

[36] LOPEZ-ANTON M A, PERRY R, ABAD-VALLE P, et al. Speciation of mercury in fly ashes by temperature programmed decomposition[J]. Fuel processing technology, 2011, 92(3):707-711.

[37] SERRE S D, SILCOX G D. Adsorption of elemental mercury on the residual carbon in coal fly ash[J]. Industrial & engineering chemistry research, 2000, 39(6):1723-1730.

[38] SLIGER R N, KRAMLICH J C, MARINOV N M. Towards the development of a chemical kinetic model for the homogeneous oxidation of mercury by chlorine species[J]. Fuel

processing technology，2000，65 - 66：423 - 438.

［39］孟素丽.燃煤飞灰固定床汞吸附特性研究［D/OL］.南京：东南大学，2009［2020 - 05 - 06］. https：//wanfangdata.vpn.njtech.edu.cn/details/detail.do?type＝degree&id＝Y1493069.

［40］CAO Y，WANG Q H，LI J，et al. Enhancement of mercury capture by the simultaneous addition of hydrogen bromide （HBr） and fly ashes in a slipstream facility［J］. Environmental science & technology，2009，43(8)：2812 - 2817.

［41］BAEK J - I，YOON J - H，LEE S - H，et al. Removal of vapor-phase elemental mercury by oil-fired fly ashes［J］. Industrial & engineering chemistry research，2007，46(4)：1390 - 1395.

［42］PRESTO A A，GRANITE E J，KARASH A. Further investigation of the impact of sulfur oxides on mercury capture by activated carbon［J］. Industrial & engineering chemistry research，2007，46(24)：8273 - 8276.

［43］ZHAO Y C，ZHANG J Y，LIU J，et al. Study on mechanism of mercury oxidation by fly ash from coal combustion［J］. Chinese science bulletin，2010，55(2)：163 - 167.

［44］HOWER J C，SENIOR C L，SUUBERG E M，et al. Mercury capture by native fly ash carbons in coal-fired power plants［J］. Progress in energy and combustion science，2010，36(4)：510 - 529.

第 5 章　飞灰成分对汞吸附的影响

飞灰主要包含未燃尽炭（UBC）和无机矿物质，其组成成分非常复杂且多样。飞灰的成分和性能受到煤样、煤粉颗粒、燃烧环境等多种因素的影响，导致其成分的不确定性，进而对汞的吸附产生一定影响。飞灰的汞吸附能力主要由未燃尽炭和飞灰中的无机物成分决定，研究发现未燃尽炭对汞的吸附原理及过程都非常复杂，且吸附效率波动较大，这主要是由未燃尽炭特殊的理化特性决定的。在燃煤烟气污染物控制设备中，静电除尘器（ESP）对烟气中的粉尘具有较好的脱除作用，能够脱除大部分飞灰中的颗粒态汞，但对 Hg⁰ 的脱除能力有限。

5.1　活性炭和飞灰中未燃尽炭对汞吸附的影响

飞灰中的碳对烟气中汞的吸附作用一直是国内外研究的热点。有研究表明飞灰中未燃尽炭是影响飞灰汞吸附性能的重要因素之一，碳含量越高，汞吸附性能越好[1]。许多研究者认为燃烧时的给煤量以及煤粒粒径对燃煤烟气和飞灰汞迁移会产生影响[2]。对飞灰中未燃尽炭含量与脱除烟气中的重金属汞的研究发现，飞灰中未燃尽炭含量的增加有利于汞的脱除[3-4]，且其吸附和氧化能力随着飞灰未燃尽炭的增加而增加[4-6]。同时，飞灰对汞的吸附能力受到其比表面积和反应温度的影响[7-8]。

Lopez-Anton 等[9-10]认为未燃尽炭可基于来源和组织结构进行分类，分类标准如下：① 颗粒的各向同性与各向异性的结构；② 熔融/非熔融特性；③ 未燃尽炭的结构和形态，如块状密实颗粒，泡状、多孔、不规则的颗粒；④ 来源于煤或其他燃料。他们还建立了 Hg⁰ 和 HgCl₂ 吸附与未燃尽炭类型之间的关系，认为飞灰对不同形态的汞的捕捉依赖于各向异性颗粒。

Goodarzi 等[11]研究了褐煤、次烟煤、中高挥发的烟煤及其混煤和煤与石油焦混合物，通过美国材料与试验协会（ASTM）标准方法及冷原子系数光谱方法确认了煤和飞灰中碳和汞的成分。飞灰中的碳采用强酸 HCl 和 HF 进行富集，碳的定性和定量分析通过反射光显微镜测得,结果表明:飞灰中的碳部分依赖于煤化作用和煤的品质及沉积环境;飞灰对汞的捕捉依赖于煤的品质、混合及飞灰中碳的类型;静电除尘器中飞灰汞的含量很低,汞和飞灰中碳成分之间没有明显关系,即飞灰对汞的捕集不依赖于飞灰中碳的含量;碳的类型与形式(各向同性、各向异性等)、卤素成分、飞灰控制设备的类型及温度,对汞的捕集都有很大的作用。

另有研究表明飞灰中的未燃尽炭不仅对汞有脱除作用,还对汞的氧化起到很重要的作用[12-13]。汞的吸附可能与未燃尽炭的表面官能团(O、S、Cl)有关,有研究表明未燃尽炭的表面含氧官能团能够促进汞吸附[14-16],相反,也有研究认为活性炭的含氧官能团在一定情况下会降低汞的物理吸附[17]。

5.1.1　活性炭对汞吸附的影响

活性炭制备实验装置由管式水平炉、智能温控仪表、惰性气体供应系统和尾气处理装置组成,如图 5.1 所示[18]。管式水平炉的反应腔体采用石英玻璃制成,总长约为 1.2 m,内径为 50 cm,左端是惰性气体(N_2)进口,右端通过大磨口密封,可进行样品的装卸及尾气的排出。整个反应装置用电阻丝进行加热,并由智能温控仪表进行温度控制,以调节反应腔体内部温度,反应装置温度可控温度范围为 293~1 473 K。

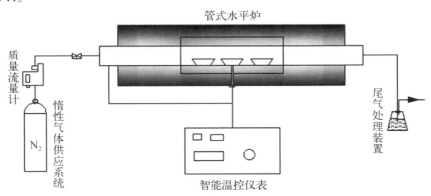

图 5.1　活性炭制备装置

高温电加热炉主要由水平炉保温层、温控箱及热电偶等组成。整个水平炉为圆柱形,保温层由半径为 20 cm 的石棉填充而成,采用热电偶测温,温控箱控制水平炉的升温速率和温度,具有输出功率分段限幅、多重参数设定等功能,同时具有较高的控温精度和超温自动断电作用。吸附剂制备过程在高纯 N_2 气氛中进行,N_2 供给系统的高纯 N_2 通过减压阀和二通阀控制,并通过质量流量计调节流量。

活性炭制备的原料主要是 150~200 目的木质活性炭和煤质活性炭。用去离子水除去活性炭表面杂质,置于烘箱在 383 K 下干燥 24 h,取出后置于干燥皿中备用。称取 50 mg 的活性炭置于瓷舟放入石英反应器中，打开惰性气体（N_2）阀门，控制其流量为 0.8 L/min，先通 1 h，将反应器内的空气排出；设置并启动升温程序，设定目标温度为 1 273 K，升温速率为 10 K/min，当温度达到目标值后，保持原有升温速率持续加热 5 h，关闭温控仪表，继续通入 N_2 自然冷却至室温，将其迅速取出并置于干燥皿中密封保存备用。制备前后的木质活性炭和煤质活性炭分别记为 WAC、WAC-1000、CAC 和 CAC-1000。

采用不同浓度的苯甲酸溶液对木质活性炭进行改性，分析改性后的活性炭对汞的脱除特性。配制质量浓度分别为 0.25 g/L、0.5 g/L、0.8 g/L 的苯甲酸溶液，称取 3 份前述制备的 1 g 木质活性炭分别置于上述的苯甲酸溶液中，并用封口膜密封瓶口，常温下用磁力搅拌器在 300 r/min 下振荡 24 h，用去离子水充分冲洗过滤，过滤后滤饼置于干燥箱中在 373 K 下烘干至恒重，根据浸渍前后活性炭的质量差得到负载量，置于干燥皿中密封备用。制得负载量为 49.8 mg/g、98.5 mg/g 和 157.3 mg/g 的活性炭，分别记为 DAC-50、DAC-100 和 DAC-150。

采用固定床反应器对活性炭吸附脱汞性能进行评价，测试系统如图 5.2 所示，系统包括含汞模拟烟气单元（由不同组分的气体、质量流量计、汞发生器和混气罐组成）、固定床反应器、汞分析仪及尾气吸附剂净化处理单元等[18]。

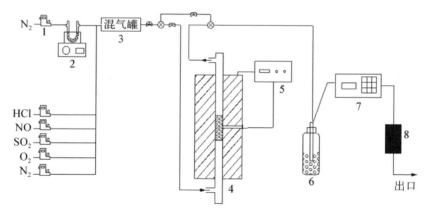

1—质量流量计；2—汞发生器；3—混气罐；4—固定床反应器；5—温控表；
6—干燥装置；7—汞分析仪；8—尾气吸附剂净化处理单元。

图 5.2　测试系统

汞发生器在 55℃持续加热下能够产生一定浓度的汞蒸气，N_2 作为载气携带汞蒸气与另一管路的模拟烟气混合后进入固定床反应器，反应石英管内径为 8 mm，长度为 100 mm，从反应器出口出来的气体先经干燥器干燥，再经在线汞分析仪（VM3000）检测出口处的汞浓度。模拟烟气和汞蒸气的流量值由质量流量计设定，固定床反应器的反应温度由温控仪调节设定。下面详细介绍各个单元的构成及原理。

模拟烟气由高纯 N_2、高纯 O_2、标准 HCl 气体、标准 NO 气体、标准 SO_2 气体以及汞蒸气组成，通过质量流量计调节气体流量。基本烟气组分是 6% O_2、50 ppm HCl、400 ppm NO、800 ppm SO_2，N_2 作为平衡气。

烟气汞发生单元主要由数控恒温水浴锅、汞渗透管及 U 形管构成。汞渗透管在一定温度下加热产生一定浓度的汞蒸气，如图 5.3 和图 5.4 所示[18]。部分汞在一定的加热温度下由液态蒸发为气态，气液态达到动态平衡时，汞蒸气达到饱和，由载气携带出来。为了产生浓度稳定的汞蒸气，将汞渗透管置于 U 形管的一侧，另一侧放入一定数量的玻璃珠以增加气流阻力，从而使载气在 U 形管内的停留时间延长，进而使得从 U 形管出来的汞蒸气浓度更加稳定。将上述 U 形管放入恒温水浴锅中，由其控制汞蒸气挥发所需的温度。

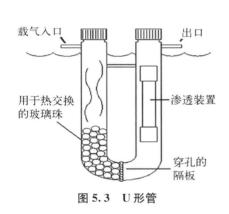

图 5.3　U 形管

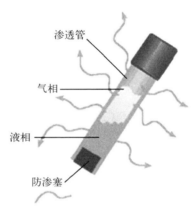

图 5.4　汞渗透管

数控恒温水浴锅由循环装置和温控装置构成。水浴锅的调温范围为 5~95℃，实验过程中设定的温度为 55℃，循环装置的作用是使流体与 U 形管之间的接触更加充分，恒温流体通过对流、辐射的方式与渗透管进行换热，保证渗透管周围的温度均匀。

固定床反应系统由非标井式电炉、石英管、温度控制器及反应管路构成，如图 5.5 所示。提前在温控装置上设定好反应所需的温度，电炉开始加热固定床反应器，置于电炉中的热电偶用来监测反应器内的温度，比例积分微分（PID）控制式程序控温，温控装置自动、精确地控制温度，使反应器内温度始终维持在设定温度，控温精度为 ±1℃。

烟气汞测试采用 VM3000 在线测汞仪，基本

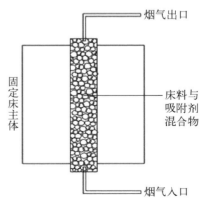

图 5.5　固定床反应系统示意图

原理如下：利用汞原子在 253.7 nm 波长时的共振吸收原理，用隔膜泵将气体抽入仪器，依次经过 1 μm 的聚四氟乙烯(PTFE)过滤器、石英玻璃制成的光学池，汞灯发出的光线通过固态探测器测定光强，光学反应池中的汞原子数量决定了紫外光到达光线探测器时的光强衰减程度，实时测定样气中汞的浓度并进行数据转换，紫外光源通过控制参照光束和光强探测装置得到比较稳定的基线，紫外探测器通过热力学进行控制。

在一定条件下，荧光强度与汞原子浓度呈正比，如式(5.1)所示。

$$I_f = kC \tag{5.1}$$

式中：I_f 为荧光强度；C 为溶液中的汞浓度；k 为常数。

因此测出荧光强度就可以测出样品中汞的浓度。汞分析仪实物图如图 5.6 所示。

图 5.6　汞分析仪实物图

实验系统中设计了尾气净化模块，在排气出口处连接活性炭过滤装置，吸收未被吸附而残留的汞污染物，保证系统排放的气体不对环境造成污染。

采用汞脱除率及单位汞吸附量来表征吸附剂脱汞能力。根据反应器出口处汞浓度值随时间的变化，得到某一工况下吸附剂对汞的脱除率曲线。汞脱除率可由式(5.2)进行计算。

$$\eta = \frac{C_{in} - C_{out}}{C_{in}} \times 100\% \tag{5.2}$$

式中：η 为汞脱除率；C_{in} 和 C_{out} 分别表示汞进口浓度和出口浓度，$\mu g/m^3$。

单位汞吸附量是指从实验开始到 t 时刻内，吸附剂所吸附的汞总量，如式(5.3)所示。

$$Q = \frac{FC_{in}\int_0^t \eta d\tau}{W} \tag{5.3}$$

式中：Q 为 $0 \sim t$ 时刻内单位质量的吸附剂对汞的吸附总量，$\mu g/g$；t 为反应所需时间，min；F 为气体总流量，L/min；W 为吸附剂质量，mg。

为深入分析吸附机制，对活性炭的比表面积及孔径等理化特性进行分析。活性炭的比表面积、孔容积和孔径分布等参数是影响活性炭吸附烟气汞的重要因素，采用 3H-2000PS2 型比表面积及孔径分析仪，以 N₂ 为吸附质，对所制备的各活性炭样品进行检测。由图 5.7 各样品的吸附-脱附等温线[18]可以发现，脱附后的活性炭的吸附-脱附等温线与脱附前的活性炭一致，说明高温脱附并没有改变其表面的孔隙结构，活性炭仍然拥有巨大的比表面积及微孔结构，这为吸附脱除烟气汞提供了有利的物理条件，同时发现木质活性炭的吸附平台更高，这是由于其比表面积更大的缘故。苯甲酸改性后的活性炭的吸附平台明显下降，且随着负载量的增加，吸附量逐渐减少，这些较低的吸附平台可能是由于苯甲酸负载在活性炭表面形成了大量的含氧官能团，使得微孔堵塞，同时也有部分中孔形成，最终导致吸附平台降低。因此，改性后的活性炭的比表面积及孔容积减小。

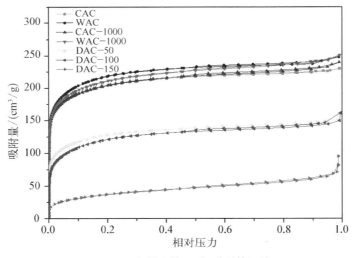

图 5.7　各样品的吸附-脱附等温线

各活性炭样品的物理结构特性如表 5.1 所示[18]，可以发现脱附后其比表面积有所减少，总孔容积有所增加，微孔容积有所减少，平均孔径有所增加。这是因为在高温脱附过程中，活性炭表面的含氧官能团发生分解，这也说明微孔表面存在大量的含氧官能团，但总体上脱附后的活性炭的物理特性基本没有发生变化。

表 5.1　活性炭孔隙结构参数

样　品	$S_{BET}/$ (m^2/g)	$S_{micro}/$ (m^2/g)	$\dfrac{S_{micro}}{S_{BET}}/\%$	$V_{tot}/$ (cm^3/g)	$V_{micro}/$ (cm^3/g)	$D/$ nm	$\dfrac{V_{micro}}{V_{tot}}/\%$
CAC	765.64	720.97	94.17	0.354 9	0.315 8	1.85	88.98
WAC	814.26	772.31	94.85	0.383 5	0.338 7	1.88	88.32
CAC-1000	765.18	713.13	93.20	0.370 1	0.317 4	1.94	85.76
WAC-1000	788.65	727.84	92.29	0.387 3	0.326 1	1.97	84.20
DAC-50	473.04	437.99	92.59	0.248 6	0.199 1	2.10	80.09
DAC-100	445.42	402.73	90.42	0.248 9	0.187 2	2.24	75.21
DAC-150	136.59	79.06	57.88	0.146 9	0.056 6	4.31	38.53

从表 5.1 中活性炭孔隙结构参数可以看出苯甲酸改性后,活性炭的比表面积、总孔体积、微孔体积等物理参数都明显减小,且随着负载量的增加其值越来越小,平均孔径也逐渐变大。DAC-50、DAC-100、DAC-150 的比表面积分别为 473.04 m²/g、445.42 m²/g、136.59 m²/g,分别只占负载前样品的 60%、56%、17%,其原因可能是改性后其表面引入了大量的含氧官能团。这一点可以结合傅里叶变换红外光谱(FTIR)及 X 射线光电子能谱(XPS)分析结果得到证实。含氧官能团氧化性较强,使得微孔壁面坍塌或腐蚀从而堵塞微孔,造成比表面积及微孔体积的减小。

各样品的孔径分布如图 5.8～图 5.14 所示[18],从图中可以看出,各样品的孔径分类主要集中在微孔(不超过 1 nm),活性炭经过高温脱附之后孔径主要分布区间基本没有发生变化。基于 H-K 方程,可以得出 WAC、WAC-1000、CAC、CAC-1000 的平均微孔孔径分别为 0.761 3 nm、0.762 7 nm、0.745 0 nm、0.751 3 nm。可以发现脱附后的活性炭的微孔分布较脱附之前稍有下降,主要是因为其表面官能团的分解导致孔径增大。脱附之前与脱附之后的活性炭都含有大量微孔结构,所以其

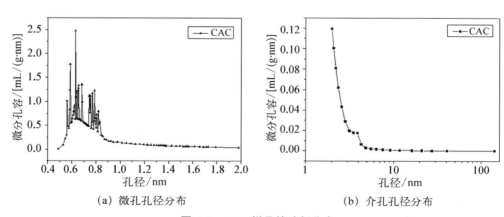

(a) 微孔孔径分布　　　　　　　　(b) 介孔孔径分布

图 5.8　CAC 样品的孔径分布

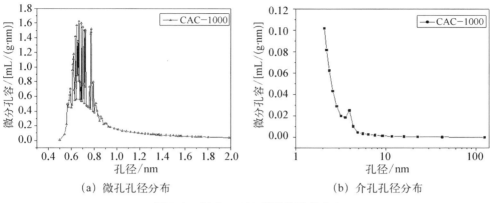

（a）微孔孔径分布　　　　　　　　（b）介孔孔径分布

图 5.9　CAC‐1000 样品的孔径分布

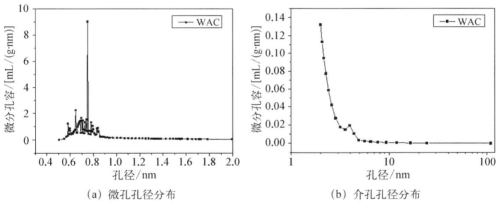

（a）微孔孔径分布　　　　　　　　（b）介孔孔径分布

图 5.10　WAC 样品的孔径分布

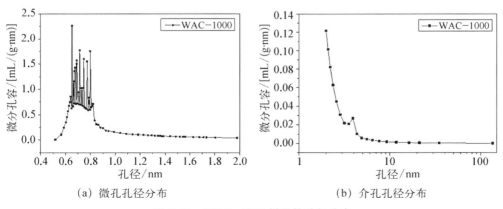

（a）微孔孔径分布　　　　　　　　（b）介孔孔径分布

图 5.11　WAC‐1000 样品的孔径分布

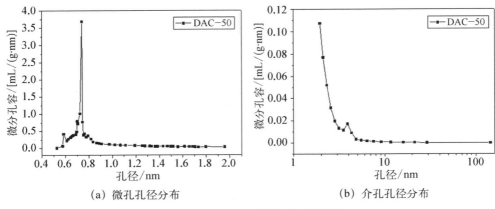

（a）微孔孔径分布　　　　　　　（b）介孔孔径分布

图 5.12　DAC‑50 样品的孔径分布

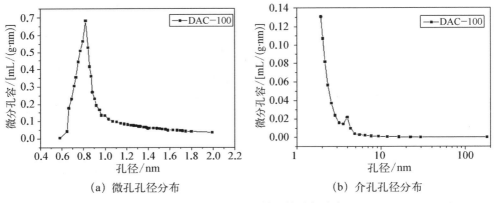

（a）微孔孔径分布　　　　　　　（b）介孔孔径分布

图 5.13　DAC‑100 样品的孔径分布

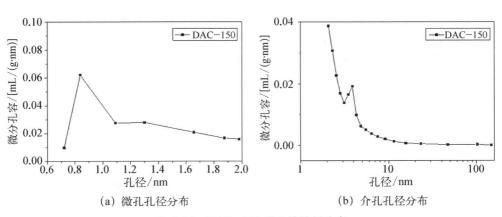

（a）微孔孔径分布　　　　　　　（b）介孔孔径分布

图 5.14　DAC‑150 样品的孔径分布

等温线表现为在相对压力较低的区域吸附量急剧上升，迅速达到饱和吸附量，全孔分布与吸附/脱附等温线吻合。

从图 5.8～图 5.14 可以看出，改性后的活性炭的孔径分布明显不同于改性前的活性炭，其微孔区间都是单峰孔径分布，随着负载量的增加峰值逐渐减小，同时峰往右偏移。DAC - 50 样品孔径分布中代表主要孔径的峰值位于 0.74 nm，DAC - 100 样品的峰值位于 0.82 nm，DAC - 150 样品在 0.85 nm 处含有一个峰；DAC - 50 样品的最大峰值为 3.75 mL/(g·nm)，而 DAC - 100 样品则降至 0.69 mL/(g·nm)，DAC - 150 的更小，只有 0.062 mL/(g·nm)。在介孔区间，都出现了单峰值，这些现象说明改性后的活性炭的孔径变大，微孔个数减小，产生部分介孔。同时，随着负载量的增加，微孔量逐渐减少，这可能是由部分微孔被苯甲酸堵塞导致的。

对各活性炭样品进行 SEM 分析，结果如图 5.15 所示[18]，从图中可以看出，各样品分布较均匀且具有相似的颗粒形貌。脱附前样品表面杂质较多，脱附后其表面变得光洁，同时可以看到改性后活性炭表面拥有较多的孔隙，表面含有小颗粒物质，表明苯甲酸已经负载于活性炭表面。同时，随着负载量的增加，其表面的小颗粒变多，同时从 DAC - 150 的 SEM 图中可以看到，其表面些许孔隙已被小颗粒堵塞堆积，这是由苯甲酸负载量过大导致的。

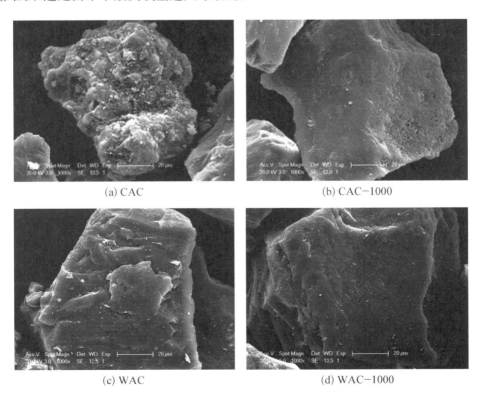

(a) CAC　　　　　　　　　　　(b) CAC-1000

(c) WAC　　　　　　　　　　　(d) WAC-1000

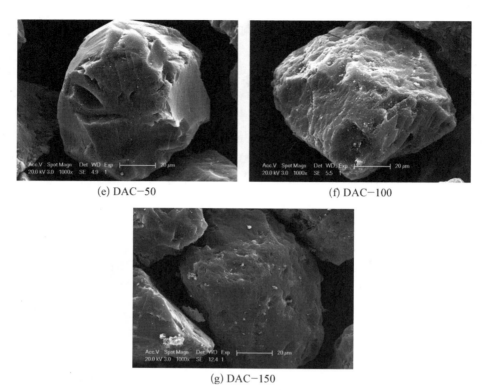

(e) DAC-50   (f) DAC-100

(g) DAC-150

图 5.15　各活性炭样品的 SEM 图

FTIR 技术被广泛用来研究分析吸附剂表面官能团特性。由于各个官能团的原子之间的振动方式不一样,会导致红外吸收不一样,所以不同的含氧官能团的出峰位置也不一样。活性炭表面的含氧官能团包括—OH、C—OH、C＝O、C—O、—C＝C—、—CH_3 和—CH_2 等众多种类,表 5.2 列出了活性炭表面主要含氧官能团的特征峰值范围[18]。

表 5.2　活性炭表面主要含氧官能团的特征峰值范围

官　能　团	波数/cm^{-1}
羧基	1 100~1 200
	1 665~1 760
	2 500~3 400
酚羟基	1 000~1 335
	1 160~1 200
	2 500~3 620
内酯基	1 160~1 270
	1 675~1 790
羰基	1 550~1 680
C＝C 骨架	1 585~1 600

图 5.16 是木质活性炭及其脱附后的 FTIR 图谱[18]。从图中可以看出,不同种类活性炭的红外吸收图谱有差异,即官能团的种类和数量有差别,说明其表面的化学特性不同,3 440 cm^{-1} 附近一个较宽的谱峰是 O—H 伸缩振动的结果,存在羧基、酚羟基;在 2 923 cm^{-1} 和 2 852 cm^{-1} 附近是羧基中的 C—O 伸缩振动峰;在 1 631 cm^{-1} 附近区域是炭骨架 C=C 的振动峰;在 1 384 cm^{-1} 附近的为—OH 伸缩振动峰,可以确定酚羟基的存在;在 1 042 cm^{-1} 附近是 C—O—C 的振动峰,主要是内酯基的作用。图中还显示,脱附后活性炭 FTIR 图谱中有特征峰出现的地方其强度有所减弱,在原始活性炭图谱中 2 923 cm^{-1} 和 2 852 cm^{-1} 处由于羧基中的 C—O 键伸缩振动形成的峰在脱附后消失,在 1 384 cm^{-1} 附近酚羟基—OH 振动峰也消失,这些说明脱附之后活性炭表面大部分含氧官能团数量减少。

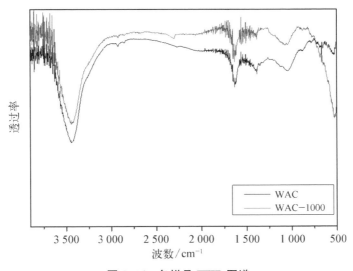

图 5.16　各样品 FTIR 图谱

从图 5.17 活性炭 FTIR 图谱中可以看出[18],与脱附后的木质活性炭 FTIR 图谱相比,改性后的活性炭在 2 923 cm^{-1} 和 2 852 cm^{-1} 处又重新出现 C—O 的振动,该现象表明羧基的增加,在 1 384 cm^{-1} 附近由于—OH 振动又出现明显的峰,而在 1 042 cm^{-1} 附近由于 C—O—C 的振动出现的峰明显增强,这些现象表明改性后的活性炭表面含氧官能团(—COOH,—CHO)数目增加,这与之前能量色散 X 射线谱(EDS)分析结果中 O 元素含量增加一致,这些官能团能够很好地氧化 Hg^0,进而提高活性炭的脱汞能力。同时也发现随着负载量的增加,2 923 cm^{-1} 和 2 852 cm^{-1} 处由于 C—O 振动出现的峰的强度先增大后减小,表明活性炭表面羧基的含量先增大后减小;在 1 384 cm^{-1} 附近由于—OH 振动出现的峰的强度先减小后增大,表明改性后的活性炭表面酚羟基的含量先减小后增大,这很好地解释了改性后的活性炭脱汞效率变化的现象。

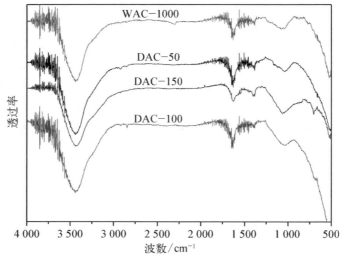

图 5.17　活性炭 FTIR 图谱

活性炭表层的化学成分可以用 XPS 进行分析,图 5.18 显示的是活性炭样品的 XPS 全谱图,表 5.3 是各官能团的相对含量[18]。从图 5.18 和表 5.3 可以看出活性炭表面所含元素的种类,改性后其表面的元素种类未改变,但各元素强度有所不同。

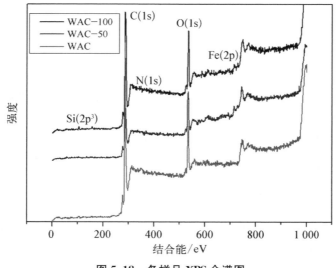

图 5.18　各样品 XPS 全谱图

表 5.3　各官能团相对含量

官 能 团	结合能/eV	峰占比/%		
		WAC	DAC-50	DAC-100
C—C	284.9	40.8	40.31	36.41
C—O	286.1	27.75	27.29	22.75
C=O	287.5	16.96	18.97	21.87
C(O)—O—C(COOH)	289.0	7.2	8.47	13.88
π—π	290.4	6.87	4.94	5.07

所有样品的 C(1s) 和 O(1s) 光谱区的 XPS 光谱如图 5.19 和图 5.20 所示[18]。在 O(1s) 区域可以看出,随着负载量从 50 mg/g 增加至 100 mg/g,其氧峰值明显增加,这表明其表面产生更多的含氧官能团。在 C(1s) 光谱区,WAC 与 DAC-50 样品的碳峰值没有明显的不同,但随着负载量的增加,DAC-100 的碳峰值发生明显的变化,即出现两个峰值,这表明其表面的各官能团所占的百分含量有明显的变化。图 5.21 是对各样品 C(1s) 光谱区进行分峰拟合的结果[18],在 C(1s) 区域表面官能团包括位于 284.9 eV 附近的碳骨架(C—C 和 C—H)、位于 286.1 eV 附近的羟基、位于 287.5 eV 附近的羰基、位于 289.0 eV 附近的羧基或内酯基和位于 290.4 eV 附近苯环上 π—π 跃迁导致的振动峰。从表 5.3 可以看出,随着负载量的增加,C=O 和—COOH 的百分含量都有所增加,C=O 的含量由 18.97% 增至 21.87%,—COOH 的百分含量由 8.47% 增加至 13.88%,而 C—O 含量减小,由

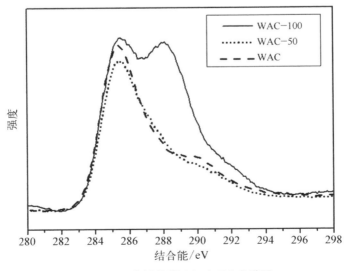

图 5.19　各活性炭 C(1s)XPS 光谱图

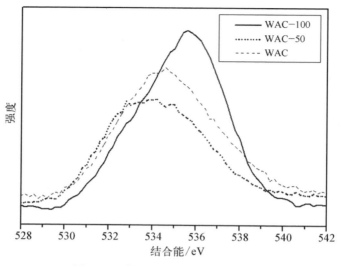

图 5.20 各活性炭 O(1s)XPS 光谱图

27.29%减小至 22.75%。比较 WAC 和 DAC-50 可以看出,两者 C—O 百分含量几乎一样,但 DAC-50 表面的 C=O 及—COOH 含量都高于 WAC。根据密度泛函理论计算得到的结合能表明其表面含氧官能团特别是羰基、内酯基和羧基通过化学吸附作用整体提高了活性炭对汞的吸附能力。根据前面的分析结果,再与实验结果相比较得知,改性后的活性炭的表面羰基含量越高,其对汞的吸附能力也越高,这些含氧官能团能够促进电子的转移,将汞氧化并作为化学吸附中心吸附汞。

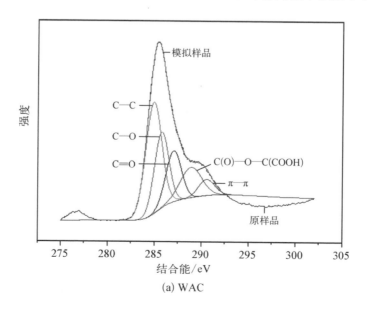

(a) WAC

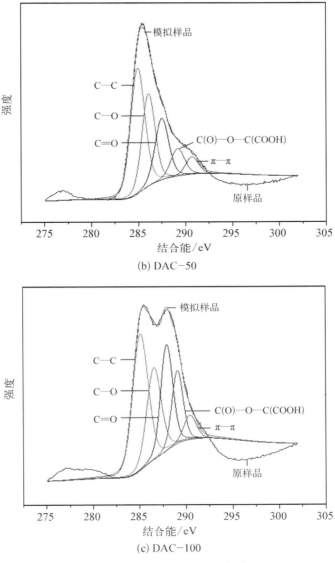

图 5.21　各样品 C(1s)XPS 光谱图

5.1.2　飞灰中未燃尽炭对汞吸附的影响

飞灰中未燃尽炭的含量是影响飞灰性能的重要参数,未燃尽炭对烟气汞的吸附脱除有着重要的影响。利用高温灼烧的方法测量飞灰中未燃尽炭的含量。在对飞灰进行煅烧之前,为了减小坩埚本身对实验造成的影响,烧灰之前将瓷坩埚放入马弗炉中,在 950℃下煅烧 1 h 后取出,在干燥箱中冷却称量,反复进行以上操作直至坩埚恒重,之后在电子天平中准确称量 1 000 mg 原样飞灰样品,称量的误差控制在 ±10 mg 以内。将称量好的飞灰样品准确快速地移入恒重的坩埚中,将盖子斜盖在坩埚上,尽量减少飞灰样品在空气中的停留时间,之后小心地置入马弗炉中,然后设定马弗炉加热保温温度在 950℃ 并保温 2 h。在 950℃ 条件下煅烧 2 h 后取出坩埚,将坩埚连同灰样放入干燥器中冷却至室温,然后称重。

飞灰中未燃尽炭的含量近似等于实验中灰样的烧失量,烧失量的百分率按下式计算:

$$LOI = \frac{G - G_1}{G} \times 100\%$$

(5.4)

式中:G 为灼烧前灰样质量,mg;G_1 为灼烧后灰样质量,mg。

对总灰、150 目筛上飞灰、150~200 目灰样、200~250 目灰样、250~300 目灰样进行未燃尽炭含量及其分布特征的测试,烧失量及其分布规律如图 5.22 所示[19]。由图中曲线变化规律可以看出,飞灰中未燃尽炭的含量随着颗粒大小的不同而不同,未燃尽炭颗粒大小分布也不均匀,随着飞灰粒径的减小,烧失量逐渐减少,其中 150 目筛上飞灰中未燃尽炭的含量最高。

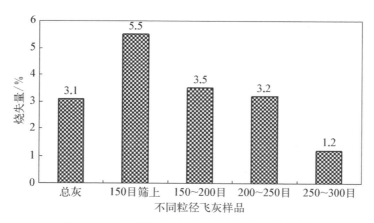

图 5.22 不同粒径飞灰样品的烧失量变化特性

选取六个不同燃煤电厂收集的飞灰样品进行实验,以研究飞灰与未燃尽炭的烧失量。六个飞灰样品分别取自 350 MW、325 MW、125 MW、660 MW、300 MW、135 MW 燃煤电厂锅炉的静电除尘器入口处,其所用煤样分别为神府煤与大同煤 3∶1 混煤、大同烟煤、贫瘦煤、淮南新集煤、神木煤、平顶山烟煤,其燃烧产生的飞灰样品分别定义为 FA1、FA2、FA3、FA4、FA5、FA6。在烧失温度为 815℃ 的条件下,比较原灰的烧失量数据,其结果如图 5.23 所示[20]。从图 5.23 中可以看出,未燃尽炭的烧失量并不高,最高的是 FA6 飞灰中提取的未燃尽炭,烧失量为 38% 左右,这说明采用浮选方法提取的未燃尽炭仍然含有部分飞灰尾矿,即完全分离未燃

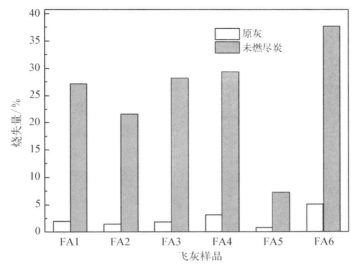

图 5.23　原灰和未燃尽炭的烧失量

尽炭和尾矿存在较大难度。与此同时,烧失量数值高的飞灰所提取的未燃尽炭样品的烧失量数值也高,即飞灰中的碳含量影响未燃尽炭的提取。数据显示,从烧失量为 0.78% 的 FA5 飞灰中提取的未燃尽炭的烧失量仅为 7.3%,甚至小于 FA4 和 FA6 飞灰,说明从碳含量较少的飞灰中难以提取较高纯度的未燃尽炭。

　　为了进一步了解未燃尽炭对飞灰吸附、汞的氧化所起的作用,采用浮选手段,即对飞灰中的未燃尽炭进行提取分离,对提取出来的样品进行评价分析。图 5.24～图 5.26

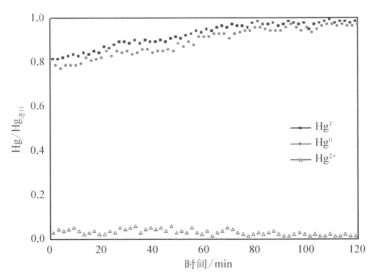

图 5.24　A 电厂未燃尽炭模拟烟气条件下的实验结果

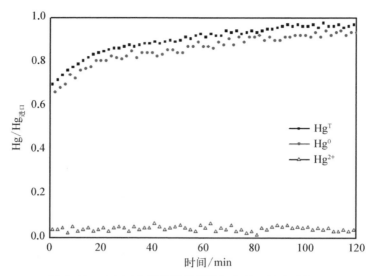

图 5.25　B 电厂未燃尽炭模拟烟气条件下的实验结果

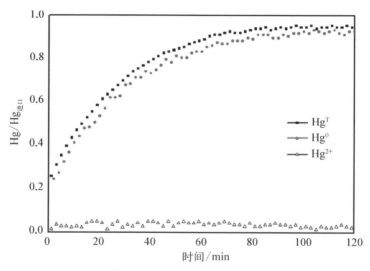

图 5.26　C 电厂未燃尽炭模拟烟气条件下的实验结果

分别为三个电厂未燃尽炭对烟气汞形态影响的实验结果[21]，图中 Hg^T 是指 Hg^0 和 Hg^{2+} 之和，表示总汞。

图 5.24～图 5.26 是在模拟烟气条件下进行的，实验温度设置为 120℃。对比三个电厂未燃尽炭的吸附能力，发现 C 电厂未燃尽炭吸附能力最强，对应刚开始反应时的总汞值降到了初始浓度的 25% 左右，而 A 电厂和 B 电厂分别为初始浓度的 80% 和 70%。对图 5.24～图 5.26 的实验结果进行分析，可以看出未燃尽炭对于

烟气汞的形态分布具有一定影响,能够氧化大约 5% 的烟气汞,可见与未燃尽炭相结合的矿物成分对烟气汞的形态分布产生了一定的影响。与飞灰的实验结果相似的是,经过 2 h 的反应,其氧化能力也有所减弱。采用商业活性炭进行同样的实验,用以对比未燃尽炭的吸附能力,同时对 C 电厂的未燃尽炭和实验中所用的商业活性炭进行比表面积测试对比,C 电厂浮选的未燃尽炭比表面积为 0.913 2 m²/g,而商业活性炭比表面积为 382.033 m²/g。

对比图 5.25 和图 5.26 可以看出,商业活性炭的吸附能力远远大于飞灰中提取出的未燃尽炭,经过 2 h 后其对烟气汞的吸附效率仍在 90% 以上,而且变化趋势较为缓慢;从图 5.27 商业活性炭模拟烟气条件下的实验结果[21]可以看出,商业活性炭对烟气汞的形态分布影响非常小,其吸附是以物理吸附为主,对烟气汞的氧化能力几乎为零。

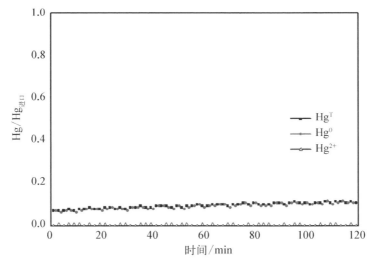

图 5.27　商业活性炭模拟烟气条件下的实验结果

商业活性炭对烟气汞的吸附能力非常强,但是在实际应用之中,并没有这么长的反应时间,活性炭往往在喷射数秒之后,便与飞灰一同被静电除尘器所捕获。为了烟气汞的减排,往往要向静电除尘器前的烟道中喷射相当数量的活性炭,才能达到较好的脱除效果。这样一方面使得成本变高,另一方面也影响飞灰的品质和可利用度。而混杂在飞灰中的活性炭也并没有完全发挥吸附烟气汞的能力,在一定程度上造成了资源的浪费。在环保形势日益严峻的今天,如何开发廉价高效的烟气汞减排方法或对现有方法进行改进,是排放企业、高校和政府相关部门所应共同关注的重要课题。对喷射活性炭的静电除尘器飞灰采用浮选法进行分离提碳,并将活性炭进行再生处理后重复使用,其吸附效果如何,总体成本能否降低,尚需进一步研究,本书仅提出一种可能,在此不做深入探讨。

未燃尽炭对汞的吸附实验采用与前面相同的汞吸附性能实验方法,参数选取相同。为研究温度对未燃尽炭汞吸附性能的影响,实验采用了 120℃ 和 200℃ 两个温度,利用 VM3000 汞自动测量仪获得实时汞浓度,得到 6 种不同类型未燃尽炭的汞吸附效率;同时为了对比未燃尽炭的吸附性能,对其原灰也进行了汞吸附实验,温度为120℃,得到每种原灰对汞的吸附脱除率(以汞脱除率表示)。结果如图 5.28 所示[20]。

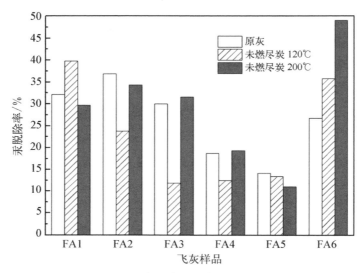

图 5.28　原灰和未燃尽炭吸附汞的效率

将 120℃ 温度下未燃尽炭颗粒对汞的吸附实验结果与原灰样对比,可以看出从飞灰中提取的未燃尽炭对汞的吸附效率并不是总高于原灰,其中 FA2、FA3 和 FA5 飞灰中提取的未燃尽炭的汞吸附率就低于原灰。以 FA2 为例,未燃尽炭对汞的吸附率比原灰低 13%,如前所述,FA2 飞灰的烧失量相对较低,但是具有较高的吸附效率,这可能得益于内部的无机成分或者未燃尽炭上的一些活性基团的存在。实验结果表明,尽管 FA2 提取的未燃尽炭的烧失量大幅增加,但是其汞吸附率却降低,说明 FA2 中无机成分是造成未燃尽炭汞吸附率降低的主要原因,因为浮选的未燃尽炭中的无机物含量较原灰出现了大幅减少,进而造成无机物量的减少,从而导致汞吸附率的降低。此外,FA4 的未燃尽炭的烧失量较大,大于 FA1、FA2、FA3 和 FA5 浮选的未燃尽炭的烧失量,但是其对汞的吸附效率却没有提高,相反还出现了下降,甚至还小于由 FA5 浮选的未燃尽炭的汞吸附率,这进一步证明了未燃尽炭并不是决定飞灰吸附的关键因素。

当温度提高到 200℃ 时,相对于 120℃ 温度下原灰和未燃尽炭的吸附性能,温度的影响更为复杂,并不是所有未燃尽炭的汞吸附效率都增加,其中 FA3 和 FA6

提取的未燃尽炭的汞吸附效率大幅增加,而 FA1 和 FA5 提取的未燃尽炭却出现了不同程度的降低。因此可以看出,未燃尽炭对汞的吸附非常复杂,不仅仅在于未燃尽炭本身物理化学性能的差异,还与反应的外部环境有很大的关系。此外,未燃尽炭的烧失量与汞吸附率之间也存在着线性关系,与 120℃ 温度下相同,FA4 提取的未燃尽炭具有较高的烧失量,但其汞吸附率并不高,低于其他较低烧失量的未燃尽炭样品。

综上可以看出,在飞灰吸附汞的过程中,飞灰中的未燃尽炭含量并不是决定飞灰汞吸附率高低的关键因素,飞灰的汞吸附能力取决于未燃尽炭和飞灰中的无机物成分。飞灰中未燃尽炭对汞的吸附非常复杂,未燃尽炭的物理和化学性能及外部条件均会影响其对汞的吸附效率,因此,并不是所有飞灰都适合提取未燃尽炭作为汞吸附剂材料,即未燃尽炭对汞的吸附具有选择性。

5.2　飞灰中无机物对汞吸附的影响

飞灰中的无机物对汞的捕捉和氧化有很大的影响。Chen 等[22] 的研究表明在 HCl 存在时,当温度大于 700℃,HCl 浓度为 $100\sim200$ ppm,飞灰组分为 Al_2O_3、SiO_2、Fe_2O_3、CuO、CaO,其中 CuO 和 Fe_2O_3 通过 Deacon 反应,即 HCl 与这两种金属氧化物反应生成 Cl_2,对 Hg^0 表现出了很强的催化活性;而飞灰中的 CaO 降低了 Hg^0 的氧化,主要是由于部分 HCl 和 CaO 发生了反应,降低了发生 Deacon 反应的 HCl 的量。Guo 等[23] 应用密度泛函理论研究了飞灰中 $\gamma\text{-}Fe_2O_3$ 对燃煤烟气汞的脱除作用,分析了汞在 $\gamma\text{-}Fe_2O_3$(001)表面的缺陷位和非缺陷位的结合能并找出其吸附位,发现在氧的空穴位上有很大的键能,大约为 -134.6 kJ/mol,另外汞和铁之间形成了杂化轨道。而 Abad-Valle 等[24] 认为飞灰中的铁成分对汞的脱除和氧化没有起很大的作用。

Rio 等[25] 认为硫钙灰比硅铝灰更利于汞的脱除,并且硫钙灰吸附的汞稳定性更高;而 Li 等[26] 认为煤中的硫对汞吸附有负面影响,飞灰中的锰能将元素汞氧化成二价汞,在低品质煤中钙的存在能促进汞的氧化。Bhardwaj 等[5] 认为 Fe_2O_3 和未燃尽炭对汞有很强的氧化和吸附作用,而 Al_2O_3、SiO_2、CaO、MgO、TiO_2 并没有促进汞的氧化与吸附;Galbreath 等[27] 则认为飞灰中的 Al_2O_3 或 TiO_2 可能对汞有很强的催化氧化作用。可见目前就飞灰中各无机组分对汞吸附的影响下一个定论尚为时过早。

5.2.1　飞灰化学组分对汞的催化作用

如第 3 章所述,通过模拟飞灰进行的飞灰中各组分对汞转化的实验发现,飞灰成分中的 MgO 对烟气汞的转化有着一定的促进作用,存在催化氧化或吸附作用;飞灰成分中的 Fe_2O_3、CaO 和 Al_2O_3 均对烟气中汞的形态转化具有一定的影响,两种或者多种氧化物会有一定的协同作用,对燃煤飞灰吸附烟气中汞的形态转化产生较大作用;燃煤飞灰的化学组成成分中对烟气汞的捕捉起主要作用的是残炭量。

李扬等[29]通过实验发现,吸附反应需要在有氧环境下进行。矿物成分的有效活化加强了对汞的吸附作用。$Al_2O_3 \cdot 2SiO_2$ 和 $Ca(OH)_2$ 在吸附反应中起到关键性作用,在高温下通过固-固反应生成了 $Ca_2Al_2SiO_7$ 和 $Al_6Si_2O_{13}$ 等;Dunham 等[30]在固定床通过实验研究发现,飞灰中的 Fe 可以促进 $Hg^0(g)$ 转化为 $Hg^{2+}(g)$,Hg^0 的氧化性能随飞灰中磁铁矿含量的增加而增加,这与本研究的结论有一致性。

5.2.2　TiO_2 负载飞灰对汞的催化作用

纳米 TiO_2 光催化材料是当前最有应用潜力的一种光催化剂,它的优点是光照后不发生光腐蚀,耐酸碱性好,化学性质稳定,对生物无毒性。因此纳米 TiO_2 作为一种光催化剂被广泛应用于环境领域。近年来关于纳米 TiO_2 作为光催化剂应用于大气污染物治理尤其是烟气污染物治理的研究越来越多,逐渐引起了人们的重视。纳米 TiO_2 之所以能够在紫外光照下产生特殊的氧化还原能效,主要原因在于其特殊的半导体结构,目前关于纳米 TiO_2 半导体的能带结构已经被大多数学者所接受。半导体的能带结构通常是由一个充满电子的低能价带和一个空的高能价带构成的,它们之间的区域称为禁带,禁带是一个不连续区域。当能量大于或等于半导体带隙能的光照射半导体催化剂时,半导体颗粒吸收光,处于价带的电子(e^-)就会被激发到导带上,价带产生空穴(h^+),从而在半导体表面产生具有高度活性的空穴/电子对。纳米 TiO_2 的带隙能为 3.2 eV,当一定波长的光子能量达到或者超过半导体这一带隙能时,处于价带的电子就会被激发到导带上,从而分别在价带和导带上产生高活性的光生空穴和光生电子,激发态的导带电子和价带空穴又能自发地复合并放出能量,这个能量可为光子能,也可为热能,但都小于激发所吸收的光子能,其激发过程如式(5.5)所示。

$$TiO_2 + h\nu \longrightarrow TiO_2 + h^+ + e^-$$
$$h^+ + e^- \longrightarrow 复合 + 能量$$

(5.5)

半导体在受光照过程中所产生的电子/空穴对具有极强的氧化还原性,通常被激发的电子/空穴对如果没有被外界物质所利用,在纳秒级时间段内会重新复合,导致由光照所产生的电子/空穴的浪费。Wu 等[31-32]通过制备 CuO/TiO_2 光催化剂研究了对气态汞的去除机理,发现 CuO 不仅可以抑制电子/空穴的复合,还能够减小 TiO_2 的带隙。Zhou 等[33-35]利用一种简单的浸渍法制备了具有异质结的

V_2O_5/TiO_2 和 In_2O_3/TiO_2 光催化剂,有效促进了电子/空穴对的分离,同时发现表面异质结的配比对半导体的光催化剂的性能也有一定的影响。研究表明,电子/空穴对具有很强的氧化还原活性,能够将其所接触到的 O_2、H_2O 或 OH^- 转化为氧化能力很强的自由基,反应过程如下所示。

$$H_2O + h^+ \longrightarrow H^+ + {}^\cdot OH \tag{5.6}$$

$$OH^- + h^+ \longrightarrow {}^\cdot OH \tag{5.7}$$

$$e^- + O_2 \longrightarrow {}^\cdot O_2^- (+ H^+) \longrightarrow H_2O^\cdot \tag{5.8}$$

$$2HO_2^\cdot \longrightarrow H_2O_2 + O_2 \tag{5.9}$$

$$H_2O_2 + {}^\cdot O_2^- \longrightarrow OH^- + {}^\cdot OH + O_2 \tag{5.10}$$

$$H_2O_2 + h\nu \longrightarrow 2{}^\cdot OH \tag{5.11}$$

$$h^+ + OH^- \longrightarrow {}^\cdot OH \tag{5.12}$$

半导体光催化剂固然具有较好的光催化性能,但是在电厂烟气大排量的背景下,其应用依然受到限制。目前已有研究表明,通过将 TiO_2 负载到活性炭等具有吸附脱汞性能的载体上进行光催化脱汞,取得了较好的效果,但是活性炭较高的价格依然是应用的主要问题。飞灰本身具有复杂的矿石成分及多种金属氧化物,所含元素种类几乎包括了已发现的所有元素,而且本身具有吸附脱汞的能力,但是有关光催化脱除烟气汞方面的研究报道很少见到。本节将纳米 TiO_2 负载到飞灰表面上,进行飞灰的光催化脱除烟气汞的实验研究,探索纳米 TiO_2 的负载对飞灰光催化脱汞性能的影响。

运用扫描电子显微镜(SEM)对负载有纳米 TiO_2 的飞灰样品进行不同倍数的放大,不同质量分数的纳米 TiO_2 负载到飞灰上的 SEM 图片如图 5.29 所示[19]。

(a) 1%TiO_2负载飞灰

(b) 3%TiO₂负载飞灰

(c) 5%TiO₂负载飞灰

(d) 10%TiO₂负载飞灰

图 5.29　不同质量分数纳米 TiO₂负载飞灰后的 SEM 图片

从负载纳米 TiO₂改性后的飞灰样品的 SEM 图片可以看出，经过以上改性操作，纳米 TiO₂成功地负载到飞灰颗粒表面，在整个飞灰表面分布相对较均匀，没有出现明显的板结凝聚现象。在质量分数为 1% 的 TiO₂负载飞灰样品中可以看到，负载后的商业 TiO₂主要分布在飞灰颗粒的孔隙口附近，使得样品的孔容积结构发生了改变；随着质量分数的增加，飞灰颗粒表面的 TiO₂逐渐增多，飞灰颗粒表面丰富的孔隙结构逐渐被表面的 TiO₂所掩盖。

为了研究负载 TiO₂ 改性后的飞灰光催化脱汞特性,将制备好的不同质量分数的 TiO₂ 负载飞灰样品置入多相流反应装置中进行光催化实验,实验条件如下:设定反应器的温度为 150℃,恒温槽的温度为 55℃,汞渗透管的载气流量为 0.3 L/min,模拟烟气的流量为 5 L/min,飞灰加料量为 50 g/h,进行不同质量分数 TiO₂ 负载飞灰光催化脱除烟气汞评价实验,结果如图 5.30 和图 5.31 所示[19]。

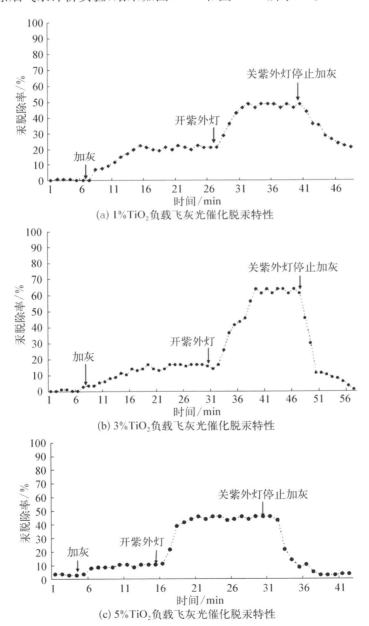

(a) 1%TiO₂ 负载飞灰光催化脱汞特性

(b) 3%TiO₂ 负载飞灰光催化脱汞特性

(c) 5%TiO₂ 负载飞灰光催化脱汞特性

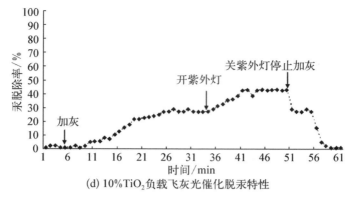

(d) 10%TiO₂负载飞灰光催化脱汞特性

图 5.30 不同质量分数 TiO₂ 负载飞灰光催化脱汞特性

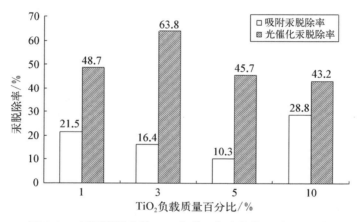

图 5.31 不同质量分数 TiO₂ 负载飞灰光催化汞脱除率比较

不同质量分数的 TiO₂ 负载飞灰后所形成的飞灰样品具有不同的表面结构特性，其对模拟烟气汞的脱除特性有所不同。由图 5.31 可以看出，经过不同质量分数的 TiO₂ 负载改性后的飞灰，光催化脱汞活性有着明显的不同。对应于质量分数为 1%、3%、5%、10% 的 TiO₂ 负载改性后的飞灰样品，对模拟烟气汞的光催化汞脱除率分别为 48.7%、63.8%、45.7%、43.2%，对应的无光照条件下的汞脱除率分别为 21.5%、16.4%、10.3%、28.8%，其中 TiO₂ 负载质量分数为 3% 的飞灰具有最高的光催化汞脱除率，达 63.8%。由图 5.31 不同质量分数 TiO₂ 负载飞灰光催化汞脱除率比较中可以看出，经过 TiO₂ 负载改性后的飞灰光催化汞脱除率变化明显，紫外光的存在使得改性后飞灰的汞脱除率分别提高了 27.2 个百分点、47.4 个百分点、35.4 个百分点、14.4 个百分点，通过进行吸收液汞浓度检测发现，紫外光照条件下的吸收液汞浓度较无光照条件下的吸收液汞浓度提高近百倍，紫外光的存在已成为促进飞灰脱汞的主要因素，吸附脱汞则成为次要因素。

经过以上实验分析可以得知,TiO₂负载在飞灰表面的量对飞灰光催化汞脱除率有着直接的影响,其负载比例存在一个最佳值,不是越大越好。随着飞灰表面 TiO₂负载量的增加,负载改性后的飞灰对模拟烟气汞的吸附能力先下降后上升,而光催化汞脱除率则先上升后下降,原因可能是负载改性过程中,飞灰表面丰富的孔隙结构被改变,孔容积有所下降,而孔隙结构及有效孔容积是影响飞灰吸附脱汞能力的重要因素。当飞灰表面 TiO₂的量较少时,飞灰表面的 TiO₂所处位置以孔隙及其周边为主,随着飞灰表面 TiO₂量的增加,飞灰与烟气汞的接触主要为改性后的飞灰表面,而纳米 TiO₂本身具有较好的吸附特性,因此随着飞灰表面的 TiO₂量的增加,其对烟气汞的吸附能力有所增加。改性飞灰的光催化脱汞活性受到其表面特性的影响,当飞灰表面的 TiO₂不足以掩盖飞灰表面时,紫外光照射下起脱汞催化作用的是飞灰与 TiO₂的接触点,此时 TiO₂的光催化活性可能受到来自飞灰表面元素的促进作用;但是随着飞灰表面 TiO₂量的增加,飞灰表面逐渐被 TiO₂所覆盖,此时起光催化脱汞作用的因素是改性后飞灰表面的 TiO₂,飞灰表面对 TiO₂的催化促进作用则逐渐消失。

5.3　静电除尘器对烟气汞的脱除控制

飞灰的未燃尽炭和无机矿物协同作用,使得烟气中部分汞被飞灰吸附成为颗粒态汞(Hg^p),这也就是电厂现有设备尤其是静电除尘器对颗粒态汞具有一定的脱除效果的原因。日益严格的电厂烟气污染物排放标准要求烟气排放粉尘不得高于 $10 \ mg/Nm^3$,在电厂除尘装置脱除飞灰等粉尘时,烟气汞三种形态之一的颗粒态汞会随着粉尘脱除过程而被脱除控制,烟气汞排入大气的量随之减少,这也是烟气汞脱除控制的重要方法之一。本节对此进行了现场实验研究。现场实验是在华东地区某电厂1♯机组锅炉进行的,机组容量为135 MW,实验时锅炉的负荷为 110 MW,负荷率为 81.5%。

实验时在机组两个重要位置进行烟气的取样,分别是静电除尘器的进口和出口。在这两个位置进行烟气取样,进行烟气汞浓度与形态分布特征的测试,可以考察静电除尘器对烟气汞的脱除控制作用。在实验的过程中测试了烟气中不同形态汞的浓度,同时对煤样、渣样、灰样等进行了取样。

实验采用的方法是美国环保署推荐的安大略法(OHM),为烟气汞采样的标准方法,取样装置布置如图 5.32 所示[20]。石英玻璃取样头伸入采样烟道,内衬石英玻璃管取样枪具有加热保温功能,使烟气温度保持在 180℃左右。滤桶加热器继续保持烟气温度。玻璃过滤器起到过滤烟气中飞灰的作用。化学试剂瓶组前三个采样瓶中 KCl 溶液捕捉烟气中的 Hg^{2+},接着四个采样瓶中的 HNO_3/H_2O_2 和 $KMnO_4/$

H_2SO_4 对烟气中的 Hg^0 进行氧化并捕捉,最后一个采样瓶中为硅胶,起到去除烟气中水蒸气的作用。八个采样瓶均置于冰浴箱中。

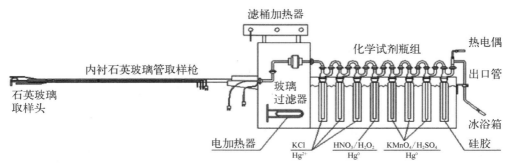

图 5.32　烟气汞取样装置

烟气取样时对应 1♯ 机组锅炉所用燃料的基本特性如表 5.4 所示[20]。烟气取样后经过样品恢复和消解过程后,用冷原子吸收光谱分析法(CVAAS)进行分析,分析仪器采用 HydraAA 全自动测汞仪,其最低检测限为 1 ppt(1 ng/L)。实验工况包括工况 1 和工况 2,均是 81.5% 负荷运行,但燃煤组分有所差异,烟气组分及烟气中汞的浓度和形态分布也有不同。

表 5.4　燃料的基本特性

序号	名　称	符号	单位	数值
1	工业分析			
	应用基水分变化范围	M_y	%	7.73～7.86
	应用基水分(平均值)	M_y	%	7.75
	分析基水分	M_{ad}	%	—
	干燥基灰分	A_d	%	33.03
	干燥基挥发分	V_d	%	27.30
	干燥基固定碳	FC_d	%	—
	应用基低位发热量	$Q_{net.y}$	kcal/kg	4 212
2	元素分析			
	干燥基碳	C_d	%	49.92
	干燥基氢	H_d	%	3.108
	干燥基氮	N_d	%	0.922
	干燥基硫	S_d	%	1.072
	干燥基氧	O_d	%	9.158

5.3.1　工况 1 下静电除尘器对烟气汞的脱除

在工况 1 下,烟气中 SO_2、NO_x 及其他成分的浓度及工况条件参数如表 5.5 所示,烟气中各形态汞浓度如表 5.6 所示,静电除尘器进口、出口烟气中汞的形态分布如图 5.33 和图 5.34 所示[20]。经过静电除尘器后,由烟囱排放入大气中的烟气总汞(Hg^T)为 15.60 $\mu g/Nm^3$,其中 Hg^0、Hg^{2+} 和 Hg^p 分别占 68.1%,16.2% 和 15.7%。可见,在排入大气的烟气汞中 Hg^0 占了大多数,这主要是由于电厂现有大气污染控制设备对于 Hg^0 都没有明显的脱除效果。然而,静电除尘器对于 Hg^{2+} 和 Hg^p 有一定脱除效果,并且 Hg^p 中绝大多数是氧化态汞。因此需要提高 Hg^0 的氧化率从而提高其脱除率。

表 5.5　工况 1 下机组各烟气组分的浓度及工况条件参数

测试位置	O_2浓度/ %	SO_2浓度/ (mg/Nm³)	NO 浓度/ (mg/Nm³)	湿度/ %	烟温/ ℃	烟气流速/ (m/s)
静电除尘器出口	5.2	1 240	114	5.8	126	7

表 5.6　工况 1 下机组烟气中各形态汞浓度

采样位置	Hg^0/ ($\mu g/Nm^3$)	Hg^{2+}/ ($\mu g/Nm^3$)	Hg^p/ ($\mu g/Nm^3$)	Hg^T/ ($\mu g/Nm^3$)
静电除尘器进口	13.84	4.39	3.42	21.65
静电除尘器出口	10.62	2.53	2.45	15.60

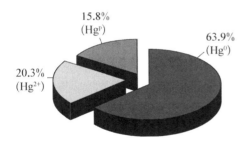

图 5.33　工况 1 下静电除尘器进口
烟气中汞的形态分布

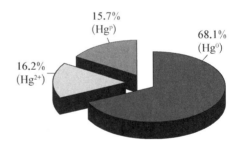

图 5.34　工况 1 下静电除尘器出口
烟气中汞的形态分布

汞平衡计算在烟气汞测试过程中是十分重要的。汞的质量平衡按 1 kg 煤燃烧产生的汞的量为基准进行计算。工况 1 下煤样、灰样、渣样汞含量测试结果如表 5.7 所示[20]。

表 5.7　工况 1 下煤样、灰样、渣样汞含量测试结果

序号	样品名称	汞含量/($\mu g/kg$)
1	煤样	160.0
2	灰样	215.7
3	渣样	78.9

1）烟气中汞的计算

1 kg 煤燃烧所需要的理论空气量为

$$V^0 = \frac{1}{0.21} \times \left(1.866 \times \frac{C_{ar}}{100} + 5.55 \times \frac{H_{ar}}{100} + 0.7 \times \frac{S_{ar}}{100} - 0.7 \times \frac{O_{ar}}{100}\right) = 4.601 \text{ Nm}^3$$

(5.13)

式中：C_{ar}、H_{ar}、S_{ar}、O_{ar} 分别为收到基碳、收到基氢、收到基硫、收到基氧的含量。

1 kg 煤燃烧所产生的理论烟气量为

$$V_y^0 = 1.866 \times \frac{C_{ar}}{100} + 0.7 \times \frac{S_{ar}}{100} + 0.8 \times \frac{N_{ar}}{100} + 0.79 V^0 +$$
$$11.1 \times \frac{H_{ar}}{100} + 1.24 \times \frac{M_{ar}}{100} + 0.016 \, 1 V_0$$

(5.14)

$$= 4.993 \text{ Nm}^3$$

式中：N_{ar}、M_{ar} 分别为收到基氮、收到基水分的含量。

过量空气系数 α 为 1.1，加上带入的水蒸气量，1 kg 煤燃烧所产生的实际烟气量为

$$V_y = V_{y0} + (\alpha - 1) \times V_0 + 0.016 \times (\alpha - 1) \times V_0 = 5.461 \text{ Nm}^3 \quad (5.15)$$

在静电除尘器进口，烟气中总汞浓度为 21.65 μg/Nm³，1 kg 煤燃烧产生的汞在静电除尘器进口烟气中的质量为

$$M_{Hg, ESPinlet} = M_{HgT, ESPinlet} \times V_y = 118.22 \, \mu g \quad (5.16)$$

在静电除尘器出口，烟气中总汞浓度为 15.60 μg/Nm³，1 kg 煤燃烧产生的汞在静电除尘器出口烟气中的质量为

$$M_{Hg, ESPoutlet} = M_{HgT, ESPoutlet} \times V_y = 85.18 \, \mu g \quad (5.17)$$

2）炉渣及飞灰汞的计算

1 kg 煤燃烧所产生的炉渣量采用《环境统计手册》中关于灰渣的公式进行计算：

$$G_{lz} = \frac{B \times A \times d_{lz}}{1 - C_{lz}} = 0.295 \text{ kg} \quad (5.18)$$

式中：B 表示燃煤量；A 表示干燥基灰分；d_{lz} 表示炉渣占煤中总灰分百分比；C_{lz} 表示炉渣中可燃物百分含量。一般情况下 d_{lz} 取 70%~80%，这里取 70%；C_{lz} 取 15%~50%，这里取 15%。

根据实验测得的炉渣中的汞含量 $G_{炉渣汞} = 78.9 \, \mu$g/kg，可以得到 1 kg 煤燃烧所产生的炉渣的汞含量为

$$G_{1\,\text{kg煤炉渣汞}} = 23.275\,5\,\mu\text{g} \tag{5.19}$$

同样根据《环境统计手册》，可以计算 1 kg 煤燃烧所产生的飞灰量为

$$G_{\text{fh}} = \frac{B \times A \times d_{\text{fh}} \times \eta}{1 - C_{\text{fh}}} = 0.111\,\text{kg} \tag{5.20}$$

式中：B 表示燃煤量；A 表示干燥基灰分；d_{fh} 表示飞灰占煤中总灰分百分比；C_{fh} 表示飞灰中可燃物百分含量；η 表示静电除尘器效率。一般情况下 d_{fh} 取 $20\% \sim 30\%$，这里取 30%；C_{fh} 取 $4\% \sim 8\%$，这里取 8%；由于静电除尘器的效率较低，η 取 95%。

根据实验测得的飞灰中的汞含量 $G_{\text{飞灰汞}} = 215.7\,\mu\text{g/kg}$，可以得到 1 kg 煤燃烧所产生的飞灰的汞含量为

$$G_{1\,\text{kg煤飞灰汞}} = 23.94\,\mu\text{g} \tag{5.21}$$

3）汞平衡计算

在静电除尘器前，1 kg 煤中的汞＝1 kg 煤产生的炉渣中的汞＋1 kg 煤产生的烟气汞。实测得 1 kg 煤产生 160.0 μg 的汞，而 1 kg 煤产生的炉渣中的汞与 1 kg 煤产生的烟气汞之和为

$$M_{\text{Hg, ESPinlet}} + G_{1\,\text{kg煤炉渣汞}} = 141.495\,5\,\mu\text{g} \tag{5.22}$$

$$\text{相对误差} = (141.495\,5 - 160.0)/160.0 \times 100\% = -11.57\%$$

在静电除尘器后，1 kg 煤产生的烟气汞（静电除尘器前）＝静电除尘器除去的汞＋1 kg 煤产生的烟气汞（静电除尘器后）。

$$M_{\text{Hg, ESPinlet}} = 118.22\,\mu\text{g}$$

$$M_{\text{Hg, ESPoutlet}} + G_{1\,\text{kg煤飞灰汞}} = 85.18 + 23.94 = 109.12\,\mu\text{g} \tag{5.23}$$

$$\text{相对误差} = (109.12 - 118.22)/118.22 \times 100\% = -7.70\%$$

在整个燃烧与烟道系统中，煤中的汞＝炉渣中的汞＋静电除尘器除去的汞＋烟气汞。实测得 1 kg 煤产生 160.0 μg 的汞，而 1 kg 煤产生的炉渣中的汞＋静电除尘器除去的汞＋1 kg 煤产生的烟气汞为

$$G_{1\,\text{kg煤炉渣汞}} + G_{1\,\text{kg煤飞灰汞}} + M_{\text{Hg, ESPoutlet}} = 132.395\,5\,\mu\text{g} \tag{5.24}$$

$$\text{相对误差} = (132.395\,5 - 160.0)/160.0 \times 100\% = -17.25\%$$

静电除尘器前后这两个采样位置及整个系统的汞平衡计算表明，相对误差分别为 -11.57%、-7.70% 和 -17.25%，其相对误差的范围均为 $-20\% \sim 20\%$，实验结果是可靠的。

5.3.2 工况2下静电除尘器对烟气汞的脱除

在工况2下,烟气中 SO_2、NO_x 及其他成分的浓度及工况条件参数如表5.8所示,烟气中各形态汞浓度如表5.9所示,静电除尘器进口、出口烟气中汞的形态分布如图5.35和图5.36所示,煤样、灰样、渣样汞含量测试结果如表5.10所示[20]。

表5.8 工况2下机组各烟气组分的浓度及工况条件参数

测试位置	O_2浓度/ %	SO_2浓度/ (mg/Nm^3)	NO浓度/ (mg/Nm^3)	湿度/ %	烟温/ ℃	烟气流速/ (m/s)
静电除尘器出口	5.4	1 424	177	5.6	120	7

表5.9 工况2下机组烟气中各形态汞浓度

采样位置	Hg^0/ ($\mu g/Nm^3$)	Hg^{2+}/ ($\mu g/Nm^3$)	Hg^p/ ($\mu g/Nm^3$)	Hg^T/ ($\mu g/Nm^3$)
静电除尘器进口	13.88	3.45	2.88	20.21
静电除尘器出口	12.22	2.37	2.04	16.63

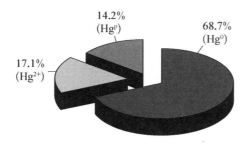

图5.35 工况2下静电除尘器进口烟气中汞的形态分布

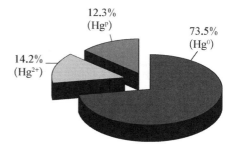

图5.36 工况2下静电除尘器出口烟气中汞的形态分布

表5.10 背景工况2下煤样、灰样、渣样汞含量测试结果

序号	样品名称	汞含量/($\mu g/kg$)
1	煤样	160.0
2	灰样	210.4
3	渣样	75.4

1) 烟气中汞的计算

因煤种不变,1 kg 煤燃烧所需要的理论空气量为 4.601 Nm^3,1 kg 煤燃烧所产生

的理论烟气量为 4.993 Nm³,1 kg 煤燃烧所产生的实际烟气量也不变,为 5.461 Nm³。

在静电除尘器进口,烟气中总汞浓度为 20.21 μg/Nm³,1 kg 煤燃烧产生的汞在静电除尘器进口烟气中的质量为

$$M_{Hg, ESPinlet} = M_{HgT, ESPinlet} \times V_y = 110.36 \ \mu g \qquad (5.25)$$

在静电除尘器出口,烟气中总汞浓度为 16.63 μg/Nm³,1 kg 煤燃烧产生的汞在静电除尘器出口烟气中的质量为

$$M_{Hg, ESPoutlet} = M_{HgT, ESPoutlet} \times V_y = 90.82 \ \mu g \qquad (5.26)$$

2）炉渣及飞灰汞的计算

1 kg 煤燃烧所产生的炉渣量采用《环境统计手册》中关于灰渣的公式进行计算:

$$G_{lz} = \frac{B \times A \times d_{lz}}{1 - C_{lz}} = 0.295 \ kg \qquad (5.27)$$

根据实验测得的炉渣中的汞含量 $G_{炉渣汞} = 75.4 \ \mu g/kg$,可以得到 1 kg 煤燃烧所产生的炉渣的汞含量为

$$G_{1 kg煤炉渣汞} = 22.243 \ \mu g \qquad (5.28)$$

同样根据《环境统计手册》,可以计算 1 kg 煤燃烧所产生的飞灰量为

$$G_{fh} = \frac{B \times A \times d_{fh} \times \eta}{1 - C_{fh}} = 0.111 \ kg \qquad (5.29)$$

根据实验测得的飞灰中的汞含量为

$$G_{飞灰汞} = 201.4 \ \mu g/kg \qquad (5.30)$$

可以得到 1 kg 煤燃烧所产生的飞灰的汞含量为

$$G_{1 kg煤飞灰汞} = 201.4 \times 0.111 = 22.355 \ \mu g \qquad (5.31)$$

3）汞平衡计算

在静电除尘器前,1 kg 煤中的汞=1 kg 煤产生的炉渣中的汞+1 kg 煤产生的烟气汞。实测得 1 kg 煤产生 160.0 μg 的汞,而 1 kg 煤产生的炉渣中的汞与 1 kg 煤产生的烟气汞之和为

$$M_{Hg, ESPinlet} + G_{1 kg煤炉渣汞} = 132.603 \ \mu g$$
$$\qquad (5.32)$$

相对误差 = (132.603 - 160.0)/160.0 × 100% = -17.12%

在静电除尘器后,1 kg 煤产生的烟气汞(静电除尘器前)=静电除尘器除去的汞+1 kg 煤产生的烟气汞(静电除尘器后)。

$$M_{Hg, ESPinlet} = 110.36 \, \mu g$$

$$M_{Hg, ESPoutlet} + G_{1\,kg煤飞灰汞} = 113.175 \, \mu g \tag{5.33}$$

$$相对误差 = (113.175 - 110.36)/110.36 \times 100\% = 2.55\%$$

在整个燃烧与烟道系统中,煤中的汞=炉渣中的汞+静电除尘器除去的汞+烟气汞。实测得 1 kg 煤产生 160.0 μg 的汞,而 1 kg 煤产生的炉渣中的汞+静电除尘器除去的汞+1 kg 煤产生的烟气汞为

$$G_{1\,kg煤炉渣汞} + G_{1\,kg煤飞灰汞} + M_{Hg, ESPoutlet} = 135.418 \, \mu g \tag{5.34}$$

$$相对误差 = (135.418 - 160.0)/160.0 \times 100\% = -15.36\%$$

静电除尘器前后这两个采样位置及整个系统的汞平衡计算表明,相对误差分别为 −17.12%、2.55% 和 −15.36%,其相对误差的范围均为 −20% ~ 20%,实验结果可靠。

5.3.3 静电除尘器对汞的作用分析

两个工况下静电除尘器对烟气中汞的脱除率如表 5.11 所示[20]。

表 5.11 两个工况下静电除尘器对烟气中汞的脱除率

工况	$Hg^0/\%$	$Hg^{2+}/\%$	$Hg^p/\%$	$Hg^T/\%$
工况 1	23.1	42.5	28.6	27.9
工况 2	12.0	31.3	29.2	17.7

由表 5.11 可以看出,在工况 1 下,静电除尘器对烟气总汞(Hg^T)的脱除率达到 27.9%;对 Hg^0、Hg^{2+} 和 Hg^p 的脱除率分别为 23.1%、42.5% 和 28.6%。在工况 2 下,静电除尘器对烟气总汞的脱除率达到 17.7%;对 Hg^0、Hg^{2+} 和 Hg^p 的脱除率分别为 12.0%、31.3% 和 29.2%。从汞的形态分布来看,在工况 1 和工况 2 下,经过静电除尘器后 Hg^0 所占比例分别上升了 4.2 和 4.8 个百分点,Hg^{2+} 所占比例下降了 4.1 和 2.8 个百分点,而 Hg^p 所占比例几乎没有变化。

由此可以推断,部分 Hg^0 被飞灰所吸附成为 Hg^p,并被静电除尘器捕捉,部分氧化态汞亦被飞灰吸附成为 Hg^p,并且 Hg^{2+} 更容易被飞灰捕捉成为 Hg^p 进而被静电除尘器脱除。静电除尘器对飞灰的捕捉能力很强,脱除了大部分飞灰及 Hg^p,但 Hg^p 在静电除尘器进口、出口所占比例变化不大,其原因在于飞灰中汞含量是上升的,因为部分 Hg^0 和氧化态汞被飞灰吸附成为 Hg^p,但静电除尘器对烟气中的粉尘具有较好的脱除作用,静电除尘器出口烟气粉尘浓度下降,致使烟气中 Hg^p 浓度下

降,其表现出来的结果是,静电除尘器出口处 Hg^p 浓度下降,烟气总汞的浓度也下降了,两者下降的比例相差不大。总的来说,静电除尘器对烟气总汞的脱除率并不高,其主要的原因是对 Hg^0 的脱除能力有限。

5.4　本章小结

本章主要探讨了飞灰成分对汞吸附的影响,通过分析各组分对汞的影响,建立了燃煤飞灰吸附汞的简单模型,通过研究飞灰中碳、无机物、烟道气等对汞吸附的作用,得出不同成分对汞吸附的影响。在自行开发的飞灰吸附剂评价实验台上,进行了飞灰吸附烟气汞的实验研究,通过研究发现不同来源的飞灰、温度、停留时间、汞的入口浓度、飞灰的粒径分布和比表面积以及飞灰改性对汞的脱除率有着不同程度的影响。主要结论如下:

(1)燃煤飞灰中的未燃尽炭和无机物对烟气汞的脱除有显著影响,不同粒径分布的飞灰对汞形态变化的影响较大;飞灰对汞的吸附兼具物理吸附与化学吸附,在一定温度范围内,温度越高越有利于飞灰对汞的吸附。

(2)在飞灰吸附汞的过程中,飞灰中的未燃尽炭含量并不是决定飞灰汞吸附效率高低的关键因素,飞灰的汞吸附能力取决于未燃尽炭和飞灰中无机物成分。飞灰中未燃尽炭对汞的吸附非常复杂,未燃尽炭的物理和化学性能及外部条件均能影响汞的吸附效率,因此,并不是所有飞灰都适合提取未燃尽炭作为汞吸附剂材料,未燃尽炭对汞的吸附具有选择性。

(3)改性飞灰的光催化脱汞活性受到改性后飞灰表面特性的影响,当飞灰表面的 TiO_2 不足以掩盖飞灰表面时,紫外光照射下起脱汞催化作用的是飞灰与 TiO_2 的接触点,此时 TiO_2 的光催化活性可能受到来自飞灰表面元素的促进作用,但是随着飞灰表面 TiO_2 量的增加,飞灰表面逐渐被 TiO_2 覆盖,此时起光催化脱汞作用的是改性后飞灰表面的 TiO_2,飞灰表面元素对 TiO_2 的催化促进作用则逐渐消失。

(4)静电除尘器对飞灰的捕捉能力很强,可脱除大部分飞灰及颗粒态汞,但颗粒态汞在静电除尘器进口、出口所占比例变化不大,其原因在于飞灰中汞含量是动态上升的,因为部分元素态和氧化态汞被飞灰吸附成为颗粒态汞。但静电除尘器对烟气中的粉尘具有较好的脱除作用,静电除尘器出口烟气粉尘浓度下降,致使烟气中颗粒态汞浓度下降,其表现出来的结果是静电除尘器出口处颗粒态汞浓度下降,而静电除尘器出口烟气总汞的浓度也下降了,两者下降的比例相差不大。总体上,静电除尘器对烟气总汞的脱除率并不高,主要原因是其对单质汞的脱除能力有限。

参 考 文 献

［1］匡俊艳,徐文青,朱廷钰,等.粉煤灰物化性质对单质汞吸附性能的影响［J］.燃料化学学报, 2012,40(6)：763－768.

［2］黄勋,程乐鸣,蔡毅,等.循环流化床中烟气飞灰汞迁移规律［J］.化工学报,2014,65(4)： 1387－1395.

［3］刘珺,薛建明,许月阳,等.燃煤电厂静电除尘器协同控制汞排放［J］.环境工程学报,2014, 8(11)：4853－4857.

［4］XU W Q, WANG H R, ZHU T Y, et al. Mercury removal from coal combustion flue gas by modified fly ash［J］. Journal of environmental sciences, 2013, 25(2)：393－398.

［5］BHARDWAJ R, CHEN X H, VIDIC R D. Impact of fly ash composition on mercury speciation in simulated flue gas［J］. Journal of the air & waste management association, 2009, 59(8)：1331－1338.

［6］江贻满,段钰锋,王运军,等.220 MW 燃煤机组飞灰对汞的吸附特性研究［J］.热能动力工程,2008,23(1)：55－59.

［7］LU Y Q, ROSTAM－ABADI M, CHANG R, et al. Characteristics of fly ashes from full-scale coal-fired power plants and their relationship to mercury adsorption［J］. Energy & fuels, 2007, 21(4)：2112－2120.

［8］HOWER J C, SENIOR C L, SUUBERG E M, et al. Mercury capture by native fly ash carbons in coal-fired power plants［J］. Progress in energy and combustion science, 2010, 36(4)：510－529.

［9］LOPEZ－ANTON M A, ABAD－VALLE P, DIAZ－SOMOANO M, et al. The influence of carbon particle type in fly ashes on mercury adsorption［J］. Fuel, 2009, 88(7)：1194－1200.

［10］LOPEZ－ANTON M A, DIAZ－SOMOANO M, MARTINEZ－TARAZONA M R. Mercury retention by fly ashes from coal combustion: influence of the unburned carbon content［J］. Industrial & engineering chemistry research, 2007, 46(3)：927－931.

［11］GOODARZI F, HOWER J C. Classification of carbon in Canadian fly ashes and their implications in the capture of mercury［J］. Fuel, 2008, 87(11)：1949－1957.

［12］WANG F Y, WANG S X, MENG Y, et al. Mechanisms and roles of fly ash compositions on the adsorption and oxidation of mercury in flue gas from coal combustion［J］. Fuel, 2016, 163(8)：232－239.

［13］ABAD－VALLE P, LOPEZ－ANTON M A, DIAZ－SOMOANO M, et al. The role of unburned carbon concentrates from fly ashes in the oxidation and retention of mercury［J］. Chemical engineering journal, 2011, 174(1)：86－92.

［14］LI Y H, LEE C W, GULLETT B K. Importance of activated carbon's oxygen surface functional groups on elemental mercury adsorption［J］. Fuel, 2003, 82(4)：451－457.

［15］MAROTO－VALER M M, ZHANG Y Z, GRANITE E J, et al. Effect of porous structure and surface functionality on the mercury capacity of a fly ash carbon and its activated sample [J]. Fuel, 2005, 84(1): 105 - 108.

[16] LI Y H, LEE C W, GULLETT B K. The effect of activated carbon surface moisture on low temperature mercury adsorption[J]. Carbon, 2002, 40(1): 65 - 72.

[17] KWON S, BORGUET E, VIDIC R D. Impact of surface heterogeneity on mercury uptake by carbonaceous sorbents under UHV and atmospheric pressure[J]. Environmental science & technology, 2002, 36(19): 4162 - 4169.

[18] 曹银霞. 活性炭对模拟烟气中汞的脱除及其形态转化的实验与机理研究[D/OL]. 上海: 上海电力学院, 2015[2020 - 05 - 06]. https://cc0eb1c56d2d940cf2d0186445b0c858. vpn. njtech. edu. cn/KCMS/detail/detail. aspx? dbcode = CMFD&dbname = CMFD201601&filename = 1015990658. nh&v = MTQ2NDBWRjI2RzdxeEh0ZkpwNUViUElSOGVYMUx1eFlTN0RoMVQzcVRyV00xRnNJDVVI3cWZZZDVpwRkNublViL0E=.

[19] 方继辉. 燃煤飞灰光催化脱除烟气 Hg 和 NO 的机理研究[D/OL]. 上海: 上海电力学院, 2013[2020 - 05 - 06]. https://cc0eb1c56d2d940cf2d0186445b0c858. vpn. njtech. edu. cn/KCMS/detail/detail. aspx?dbcode=CMFD&dbname=CMFD201401&filename=1014015878. nh&v= MTAwNDV4WVM3RGgxVDNxVHJXTTFGckNVUjdxZlll1WnBGQ25uVjdySVZZGMjZHck81RzluTHA1RWJJQSVI4ZVgxTHU=.

[20] 何平. 燃煤飞灰与烟气中汞的作用实验与机理研究[D/OL]. 上海: 上海交通大学, 2017 [2020 - 05 - 06]. https://kns. cnki. net/KCMS/detail/detail. aspx?dbcode=CDFD&dbname= CDFDLAST2019&filename=1019610369. nh&uid=WEEvREcwSlJHSldRa1FhcEFLUmViU1FCRTAyeWdrSHU3Rit5MHpzYmtMbz0= $ 9A4hF_YAuvQ5obgVAqNKPCYcEjKens W4IQMovwHtwkF4VYPoHbKxJw!!&v=MDE5NzJGeXpppuVzcvT1ZGMjZGN1c1SHRMS 3BwRWJQSVI4ZVgxTHV4WVM3RGgxVDNxVHJXTTFGckNVUjdxZll1WnA=.

[21] 张锦红. 燃煤飞灰特性及其对烟气汞脱除作用的实验研究[D/OL]. 上海: 上海电力学院, 2013[2020 - 05 - 06]. https://cc0eb1c56d2d940cf2d0186445b0c858. vpn. njtech. edu. cn/KCMS/detail/detail. aspx?dbcode=CMFD&dbname=CMFD201401&filename=1014015883. nh&uid = WEEvREcwSlJHSldRa1FhcEFLUmViU1FCRTBGNVNUSWRGOVRBUm1oVmlVYz0= $ 9A4hF_YAuvQ5obgVAqNKPCYcEjKensW4IQMovwHtwkF4VYPoHbKxJw!!&v= MzIzOTRrVkx6QVZGMjZGN1c1RXJKRWJJQSVI4ZVgxTHV4WVM3RGgxVDNxVH JXTTFGckNVUjdxZll1WnBGQ24=.

[22] CHEN L, DUAN Y F, ZHUO Y Q, et al. Mercury transformation across particulate control devices in six power plants of China: the co-effect of chlorine and ash composition [J]. Fuel, 2007, 86(11): 603 - 610.

[23] GUO P, GUO X, ZHENG C G. Roles of $\gamma - Fe_2O_3$ in fly ash for mercury removal: results of density functional theory study[J]. Applied surface science, 2010, 256(23): 6991 - 6996.

[24] ABAD - VALLE P, LOPEZ - ANTON M A, DIAZ - SOMOANO M, et al. Influence of iron species present in fly ashes on mercury retention and oxidation[J]. Fuel, 2011, 90(8): 2808 - 2811.

[25] RIO S, DELEBARRE A. Removal of mercury in aqueous solution by fluidized bed plant fly ash[J]. Fuel, 2003, 82(2): 153 - 159.

[26] LI S, CHENG C M, CHEN B, et al. Investigation of the relationship between particulate-bound mercury and properties of fly ash in a full-scale 100 MWe pulverized coal combustion boiler[J]. Energy & fuels, 2007, 21(6): 3292 - 3299.

[27] GALBREATH K C, ZYGARLICKE C J. Mercury transformations in coal combustion flue gas[J]. Fuel processing technology, 2000, 65(9): 289 - 310.

[28] 潘雷. 燃煤飞灰与烟气汞作用机理的研究[D/OL]. 上海: 上海电力学院, 2011[2020 - 05 - 06]. https://cc0eb1c56d2d940cf2d0186445b0c858. vpn. njtech. edu. cn/KCMS/detail/detail. aspx? dbcode= CMFD&dbname= CMFD2012&filename= 1011305213. nh&v= MDM0NzBacEZ Dbm1VTC9OVkYyNkg3QzRHOVBOckpFYlBJUjhlWDFMdXhZUzdEaDDFUM3FUcldNMU ZyQ1VSN3FmWXU=.

[29] 李扬, 张军营, 赵永椿, 等. 非碳基吸附剂高温脱汞固定床试验研究[C]. 广州: 中国工程热物理学会燃烧学学术年会, 2010.

[30] DUNHAM G E, DEWALL R A, SENIOR C L. Fixed-bed studies of the interactions between mercury and coal combustion fly ash[J]. Fuel processing technology, 2003, 82(2): 197 - 213.

[31] WU J, LI C E, ZHAO X Y, et al. Photocatalytic oxidation of gas-phase Hg^0 by CuO/TiO_2 [J]. Applied catalysis B: environmental, 2015, 176(9): 559 - 569.

[32] WU J, LI C E, CHEN X T, et al. Photocatalytic oxidation of gas-phase Hg^0 by carbon spheres supported visible-light-driven $CuO - TiO_2$[J]. Journal of industrial and engineering chemistry, 2017, 46(11): 416 - 425.

[33] ZHOU X, WU J, LI Q F, et al. Improved electron-hole separation and migration in $V_2O_5/$ rutile-anatase photocatalyst system with homo-hetero junctions and its enhanced photocatalytic performance[J]. Chemical engineering journal, 2017, 330(16): 294 - 308.

[34] ZHOU X, WU J, LI Q F, et al. Carbon decorated In_2O_3/TiO_2 heterostructures with enhanced visible-light-driven photocatalytic activity[J]. Journal of catalysis, 2017, 355(7): 26 - 39.

[35] ZHOU X, WU J, ZHANG J, et al. The effect of surface heterojunction between (001) and (101) facets on photocatalytic performance of anatase TiO_2[J]. Materials letters, 2017, 205(13): 173 - 177.

第6章　飞灰和汞的作用机理

为探究飞灰与汞的作用机理,本章从两方面进行研究,一是采用量子化学分析法,在分子和原子尺度上研究飞灰与汞之间的关系,揭示飞灰吸附汞的机理;二是通过建立汞均相反应的化学热力学模型,从吸附热力学和动力学两方面分析不同工况下飞灰与汞的作用机制。通过量子化学分析法研究 SO_3 对碳表面汞吸附性能的影响;针对硫酸对碳表面汞吸附性能的影响,研究 SO_4 基团在碳表面上可能的吸附结构,分别计算了有无电荷两种情况下的 SO_4 基团对汞吸附的影响;针对飞灰中的无机材料,以 Al_2O_3 为研究对象,构建 $Hg/Al_2O_3(100)(1\times1)$ 界面模型,设计 top 和 hollow 活性位的汞吸附结构,对能带、局部能态密度以及电荷密度差进行了计算。结果发现, SO_3 导致碳表面汞吸附能力下降的主要原因在于 SO_3 与汞原子存在竞争, SO_3 削弱与之相连的碳原子活性,影响碳表面的最低非占位分子轨道(LUMO)和最高占位分子轨道(HOMO),增大了 LUMO - HOMO 能隙,使其与汞发生化学反应难度变大。含有 SO_4 基团的碳表面对汞的吸附能均大于纯碳表面,而含有 SO_4^{2-} 离子的碳表面的吸附能大部分小于纯碳表面,在吸附过程中可能有 SO_2 生成。 SO_4 基团对碳表面的汞吸附的影响较为复杂,首先 SO_4 基团和 SO_4^{2-} 与汞存在着竞争吸附;其次 SO_4 基团和 SO_4^{2-} 含量影响汞的吸附效果, SO_4 含量较大时有利于汞的脱除,相反, SO_4^{2-} 含量较大则不利于汞的脱除。铝原子不参与汞吸附的任何反应; top 活性位上的汞原子的局部能态密度也没有改变,但 hollow 活性位上的汞原子的局部能态密度发生移动,汞与 $Al_2O_3(100)(1\times1)$ 界面存在着轨道杂化现象,氧原子是决定 Al_2O_3 晶体对汞吸附性能的关键。

6.1　量子化学分析的引入

20 世纪 20 年代中期,薛定谔和海森堡分别提出了波动力学和矩阵力学,彻底颠覆了以往人们对物理学的认知,标志着量子力学的诞生。1998 年,量子化学家科恩和波普尔被授予诺贝尔化学奖,两人在量子化学理论研究中所做出的伟大成果得到了肯定。虽然量子化学基本理论形成得很早,但由于薛定谔方程的复杂性和惊人的计算量,量子化学发展缓慢且没有得到广泛应用。随着计算机水平的不断提高和理论的不断优化,理论计算的速度越来越快,精度越来越高,而且很多现实条件无法完成的实验可以采用量子化学理论进行模拟[1]。现在,量子化学不但可以预测原子、分子及晶体的几何构型、能量、势能面、电荷密度分布、电子能谱、波谱、光谱等,还可用于研究分子间相互作用力、化学键、反应变化的化学能等[2]。量子化学中应用的近似法有原子轨道法(atomic orbital theory)和分子轨道法(molecular orbital theory)。前者是由斯莱特(Slater)、泡利(Pauli)等建立的理论,以组成分子的原子的电子结构为基础进行分子处理研究。后者是由马利肯(Mulliken)、许克尔(Huckel)等建立的理论,他们的观点是电子轨道应该扩展到分子的整体中,而不仅仅是定域在各原子上。目前各领域应用的都是分子轨道法。

量子化学理论包括波函数、量子化学基本方程、从头计算和密度泛函理论[3]。本章通过量子化学分析,研究了飞灰与汞的作用机理。构成飞灰的主要元素为未燃尽炭和尾矿颗粒,实验结果表明这两种颗粒都可能对飞灰脱除汞产生影响。由于飞灰成分的多样性和复杂性,采用飞灰作为吸附剂进行实验时,影响汞吸附的因素较多,如飞灰未燃尽炭含量、无机物含量、无机物成分、未燃尽炭成分等,这给飞灰脱除汞的分析和机理解析带来很大的困难;采用实验测量的方法,很难从飞灰中分离出较纯的成分,很难得到飞灰中某种成分与汞化学反应的相关参数,构建与汞脱除之间的关系。因此,选择有效的方法解释飞灰与汞的作用机理非常重要。众所周知,吸附反应总是涉及分子或原子之间结构以及电子的交互,从而引起相应的物理和化学的变化。飞灰与汞之间的作用机理总是可以通过其原子结构的关系进行描述和揭示,即量子化学分析。汞的吸附可以认为是飞灰表面与汞原子的结构重构,生成新的原子结构的过程。所以,在分子或原子尺度上研究飞灰与汞之间的关系为揭示飞灰吸附汞的机理提供了可能。

6.2 酸性气体对飞灰汞吸附的作用机理

电厂锅炉中煤燃烧产生的烟气成分十分复杂,其中酸性气体主要有 HCl、SO_2、SO_3、NO_x 等。前面章节研究了 HCl、SO_2 等不同组分和含量等多因素对飞灰脱除汞的影响规律。本章将飞灰中两个主要组成部分即未燃尽炭和尾矿的主要成分作为模型进行研究,选择碳表面和 Al_2O_3 表面作为飞灰的典型成分来揭示飞灰与汞之间的作用机理。考虑到烟气成分中其他酸性气体的影响,以及飞灰改性的重要性,本节研究了酸性气体 SO_3 对碳表面结构的影响,以及由此引起的对汞吸附的影响;同时对 H_2SO_4 浸润后的碳表面进行分析,探索 H_2SO_4 对碳表面的结构改性,以及吸附的分子与汞作用后对碳表面去除汞的影响机理。最后,针对飞灰中含量较大的 Al_2O_3 无机物,研究了 Al_2O_3 无机物与汞界面间的原子几何结构,并分析了汞吸附过程中的能带和电子态密度的转换过程,揭示 Al_2O_3 对汞吸附的影响。

6.2.1　碳表面模型的建立与优化

为了揭示汞在碳表面的吸附性能和作用机理,国内外学者开展了很多实验研究,结果表明,燃煤烟气中的酸性成分可对碳表面汞吸附性能产生极大的影响。电厂实际测试数据显示:锅炉尾部烟气如果不采取脱硫措施,会降低喷射到烟气中活性炭的汞吸附性能。在实验室工况下,增加 SO_3 会严重降低活性炭的汞吸附性能,吸附率可由无 SO_3 工况下的 85% 降低到 17%。在高硫无烟煤燃烧或高浓度 SO_3 的环境下,活性炭汞吸附的性能较低,不宜采用喷射活性炭的方法去除烟气中的汞。同时,SO_3 也会抑制汞的氧化,降低脱除率。分析表明,导致活性炭对 Hg^0 的吸附能力下降的主要原因是 SO_3 蒸气和汞蒸气竞争碳表面的活性位,因此,降低 SO_3 蒸气浓度被认为是提高活性炭对 Hg^0 捕集的最好选择。然而,实验中也观察到活性炭表面的氧化物能提高其邻近吸附位的活性,对汞吸附有积极影响,汞也容易吸附在硫浓度较高的特殊位上[4]。

虽然很多实验已经研究了 SO_3 对碳材料吸附汞的能力的影响[5-10],但是对于 SO_3 和碳表面之间的关联还鲜有报道。在分子尺度上,关于汞、SO_3、碳表面之间的相互关系还有待进一步研究,SO_3 吸附在碳表面会阻碍其对汞的吸附,产生抑制的原因尚不明确。采取量子化学方法在分子尺度上探究汞吸附的机理,并进行相关理论研究,所得结论可以为更好地理解 Hg^0 的吸附机理提供有用的参考。

为了探究 SO_3 对碳表面吸附能力的影响,根据量子化学分析,应用密度泛函理论对 SO_3 吸附在碳表面的所有模型进行研究,然后计算马利肯静电荷、几何参数和 LUMO-HOMO 带隙,并讨论这些结构对 Hg^0 的吸附能力的影响。

有效的碳表面模型对研究分子尺度下 Hg^0 在碳表面的吸附十分重要。Chen 和 Yang[11] 改变碳表面尺度,研究了单个碳环到七个六碳环模型,采用 HF 方法研究其结构特性,结果表明其计算后的碳模型的化学性能与实验结果一致。此外,Montoya 等[12] 发现碳模型的活性与分子的尺寸大小没有很强的关联性,单个的碳层可以看作一个由代表性的簇来模拟的碳表面。基于以上研究,本节采用九个苯环的石墨烯结构作为碳表面的模型进行仿真研究。

石墨片层边缘有一些部分稳定的活性位,采用在单层石墨烯的上位的边缘原子不钝化来模拟碳的活性位,其他原子的边缘用 H 原子来饱和钝化。虽然用 H 原子或其他杂环原子饱和钝化石墨片层边缘与现实有一些差别,并且不是所有的石墨边缘位都用 H 原子来饱和,但是考虑到电荷平衡和化学环境,H 原子钝化是最好的选择。同时,用 H 原子钝化边界终端被证明是非常好的模型,并且已经应用于很多研究。因此,采用九个苯环作为碳模型,在底部边缘用 H 原子饱和,建立碳表面模型是可行和合理的选择。

应用量子化学方法,针对所有 SO₃ 吸附在碳表面活性位的模型,计算其对汞吸附的影响。在电子基态下进行几何结构充分优化,进一步计算马利肯布居数,确定电荷分布。碳原子的吸附能力由其原电荷量来评价,即一个碳原子的电负性越大,那么这个碳原子对汞吸附能力就会越高。

应用密度泛函理论,通过 Dmol3 仿真软件进行计算。采用广义梯度理论和BLYP 梯度修正泛函方法,设定临界值 1.0×10^{-5} Ha[①] 作为自洽场收敛的条件。在几何优化过程中,最大能量变化、受力和最大位移的收敛临界值分别设定为 2×10^{-5} Ha,0.004 Ha/Å 和 0.005 Å。采用双数值加维函(DND)确定原子轨道。所有计算都要进行自旋极化,并计算 HOMO 和 LUMO 的能量。

吸附能采用式(6.1)进行计算:

$$E_{ads} = E(AB) - E(A) - E(B) \tag{6.1}$$

式中:E_{ads} 是吸附能;$E(AB)$ 是分子 B 吸附在分子 A 表面的总能量;$E(A)$ 代表分子 A 的总能量;$E(B)$ 代表分子 B 的总能量。

6.2.2　表面吸附 SO₃ 的结构分析

碳表面经过结构弛豫后的模型 A 如图 6.1 所示[10],为方便讨论,对碳原子进行了编号。模型 A 的优化参数如表 6.1 所示[10]。计算的键长和键角与实验数据相吻合,碳平面间的夹角为 0° 或 180°,表明碳表面为实际的平面结构。

图 6.1　弛豫后的碳表面模型 A

---

① Ha 是 Hartree 的简称,能量单位,1 Ha 是指基态氢原子势能的绝对值(27.21 eV/mol),即 2 625.5 kJ/mol。1 Ha/Å＝2.625 5×10⁻⁴ J/(mol·m)。

表 6.1　弛豫后的碳表面几何参数

平 均 参 数	模型 A	实验值
C—C 键长/Å	1.40	1.42
C—H 键长/Å	1.09	1.07
∠C—C—C/(°)	120	120
∠C—C—H/(°)	120	120

　　计算了模型 A 的一些原子的马利肯总原子电荷,计算结果如表 6.2 所示[10],从表中可以看出碳原子 C(3)、C(8)、C(12) 和 C(16) 具有比其他碳原子更多的负电荷,表明其具有较强的汞吸附特性。

表 6.2　原子的马利肯电荷分布

原 子	模型 A	模型 C	模型 D	模型 E	模型 F	模型 G
O(1)		−0.433	−0.433		−0.389	−0.418
O(2)		−0.431	−0.328		−0.428	−0.334
O(3)		−0.279	−0.328		−0.288	−0.334
S		−0.623	0.721		0.570	0.690
Hg				0.527	0.519	0.551
C(1)	−0.122	−0.215	−0.215	−0.253	−0.250	−0.250
C(2)	0.021	−0.045	−0.042	−0.025	−0.078	−0.074
C(3)	−0.023	−0.005	−0.015	−0.057	−0.043	−0.066
C(7)	−0.005	0.322	0.354	−0.060	0.310	0.341
C(8)	−0.024	−0.044	0.078	−0.080	−0.065	0.078
C(11)	−0.005	−0.330	−0.017	−0.147	0.305	−0.046
C(12)	−0.024	−0.033	−0.009	0.028	−0.070	−0.031
C(15)	−0.005	−0.052	−0.085	−0.157	−0.189	−0.224
C(16)	−0.023	−0.004	−0.007	−0.054	0.053	−0.050
C(19)	0.021	−0.019	−0.012	−0.070	−0.154	0.156
C(20)	−0.122	−0.219	−0.219	−0.255	−0.279	−0.276

　　为了评价 SO_3 对碳表面吸附元素汞的影响,分析了碳表面吸附 SO_3 的所有可能的模型。从模型 A 中可以看出 C(2) 和 C(19) 原子位于分子簇模型的边界处,该位置不能提供全部松弛空间,可能会导致计算结果不准确;此外 C(3)、C(8)、C(12)和 C(16) 原子饱和,不能提供活性位置,与 SO_3 很难形成共价键,因此,选择 C(7) 和 C(11) 原子作为吸附 SO_3 的活性位,这与以前的相关文献模型相同[13]。SO_3 吸附在这两个碳原子上的所有四种可能的模型如图 6.2 所示[10],这四种模型结构分别定义为 I、II、III 和 IV。通过结构优化,结果表明:II 和 IV 两种结构产生相同的表面

络合物模型 D，I 和 III 结构分别形成模型 B 和模型 C。在模型 B 中，S 和 C(11) 原子之间的距离缩短到 1.788 Å，说明 S—C(11) 键可能在模型 B 中形成。模型 B 和模型 D 之间差异非常小，计算结果也证实两者表现出相似的汞吸附特性。因此在下面的汞吸附计算中只对模型 D 进行计算。

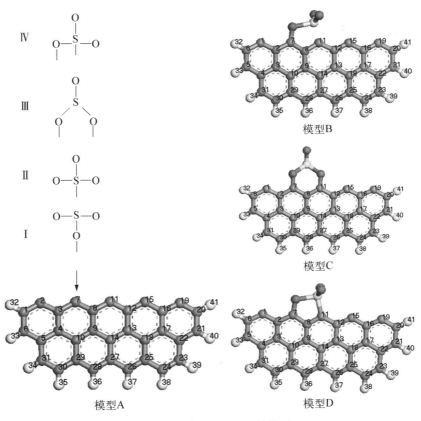

图 6.2　碳表面吸附 SO₃ 的模型

仿真计算了吸附能 E_{ads}，并对所有模型进行了几何优化，计算结果如表 6.3 所示。模型 C 的吸附能为 −6.000 eV，其值低于模型 D 的吸附能 −5.626 eV，可以推断出相比于模型 D，模型 C 对 SO₃ 具有更强的化学吸附能力。氧原子和最近的两个碳原子之间的键长分别为 1.378 Å 和 1.380 Å，SO₃ 的吸附导致与其相邻的 C—C键[C(7)—C(8)(1.417 Å)和 C(8)—C(11)(1.418 Å)]的键长增加。对于模型 D，C(8)—C(11)键长为 1.369 Å，相对于模型 A 所对应的数值 1.408 Å 缩短了大约2.8%，但是 C(7)—C(8)键长从 1.400 Å 增加到 1.430 Å。因此，由数据可以很明显地看出，吸附在表面的 SO₃ 中的硫原子相对氧原子对碳表面的几何结构影响程度更大。

所得到的马利肯布居数结果如表 6.2 所示[10]，可以看出：SO₃ 的吸附导致电子在碳原子之间发生迁移。对于模型 C,碳原子的电荷发生了不同程度的改变,其中 C(7)、C(11) 和 C(15) 原子电荷从 −0.005 分别变化到 0.322、−0.330 和 −0.052, C(19) 原子电荷从 0.021 变化到 −0.019。数据表明,氧能够提高其相邻碳原子[C(2) 和 C(15)]的活性,这与已有的实验和理论研究相一致。然而,C(16) 原子电荷从 −0.023 增大到 −0.004,表明模型 C 的 C(16) 原子相比于模型 A,其吸附能力大大降低。对于模型 D,C(7) 原子与模型 C 的 C(7) 原子的性能非常相近,仅仅在电荷大小 (0.354) 上有显著的差别,这可能是由于它受到了最相邻的 O(1) 原子的影响。C(11) 原子的电荷从 −0.005 下降到 −0.017,这与模型 C 的 C(11) 原子不同。此外,C(15) 原子的电荷数(−0.085)也有较大程度的降低,表明硫原子也能提高其相邻碳原子的活性,这与实验研究结论相一致。此外,模型 D 的 C(2) 原子的电荷数和模型 C 的 C(2) 原子的电荷数很相似。C(11)、C(15) 和 C(2) 原子的电荷数的变化表明模型 D 中的硫元素比模型 C 的氧元素更有助于相邻的碳原子获得较高的吸附能力。

表 6.3　所有模型的键长和吸附能

键长和吸附能	模型 A	模型 C	模型 D	模型 E	模型 F	模型 G
C(1)—C(2)/Å	1.371	1.371	1.354	1.371	1.382	1.386
C(2)—C(3)/Å	1.403	1.399	1.413	1.410	1.412	1.411
C(3)—C(7)/Å	1.403	1.420	1.400	1.398	1.422	1.421
C(7)—C(8)/Å	1.400	1.417	1.430	1.395	1.420	1.417
C(8)—C(11)/Å	1.408	1.418	1.369	1.416	1.425	1.387
C(11)—C(12)/Å	1.408	1.425	1.444	1.422	1.430	1.418
C(12)—C(15)/Å	1.400	1.383	1.358	1.422	1.404	1.401
C(15)—C(16)/Å	1.403	1.394	1.409	1.412	1.418	1.418
C(16)—C(19)/Å	1.403	1.403	1.382	1.409	1.434	1.435
C(19)—C(20)/Å	1.371	1.368	1.383	1.373	1.387	1.385
O(1)—C(7)/Å	—	1.380	1.358	—	1.389	1.360
O(2)—C(11)/Å	—	1.378	—	—	1.371	—
S—C(11)/Å	—	—	1.795	—	—	1.789
Hg—C(11)/Å	—	—	—	2.452	—	—
Hg—C(15)/Å	—	—	—	2.450	2.449	2.445
Hg—C(19)/Å	—	—	—	—	2.477	2.400
E_{ads}/eV	—	−6.000	−5.626	−3.136	−1.881	−2.079

6.2.3　SO₃ 对碳表面吸附汞的影响

分别对模型 A、模型 C 和模型 D 进行汞吸附性能研究,选择 C(15) 原子作为吸附位,即汞原子直接吸附在 C(15) 原子上,对汞吸附在该三种模型上的结构进行优化。所有模型的优化结构如图 6.3 所示[10],可以看出,在所有模型中 Hg⁰ 原子都从 top 位移动到 bridge 位[模型 E 中 Hg^0 在 C(11)—C(15)键上,模型 F 和模型 G 中 Hg^0 在 C(15)—C(19)键上]。计算结果表明,模型 E 的 Hg^0 吸附能为−3.136 eV (见表 6.3)。而碳表面对 SO_3 分子的吸附能更大(模型 C 为−6.000 eV,模型 D 为 −5.626 eV),SO_3 和 Hg^0 吸附的稳定性排序为模型 C>模型 D>模型 E,表明 SO_3 吸附在碳表面比汞上更加稳定,SO_3 比 Hg^0 更易吸附在碳表面的活性位上。计算 结果表明模型 F 和模型 G 的 Hg^0 吸附能分别为−1.881 eV 和−2.079 eV,相比 模型 E 而言,其吸附能更低。因此,SO_3 对 Hg^0 的吸附是不利的,它阻碍了碳表面 对汞的吸附,这和实验结论相吻合[14]。计算的吸附能结果表明,模型 G 对 Hg^0 的 吸附比模型 F 稍微稳定一些。该结果与上述关于马利肯总原子电荷的讨论相一致。

图 6.3　碳表面和 SO_3 吸附的碳表面汞吸附模型

　　几何参数的数值结果如表 6.3 中所示,可以看出,所有模型在吸附 Hg^0 原子 后,键长差别很小,包括 Hg—C 键。这表明 Hg^0 吸附不会导致碳表面结构的变化。 Hg^0 在具有 SO_3 的碳表面的吸附能下降可能是由于电子的重新分配,有和没有 SO_3 的碳表面模型的马利肯总原子电荷出现了差异,如表 6.2 所示。此外,优化后 的几何结构显示汞原子的最终位置与三个碳原子最接近,并且马利肯布居数分析 表明,Hg^0 吸附在表面后,相邻三个碳原子的电荷数发生了较大的变化。因此,可 以看出 Hg^0 吸附是由于其与相邻的三个碳原子[模型 E 的 C(11)、C(12)和 C(15)、 模型 F 和模型 G 的 C(15)、C(16)、C(19)]之间的相互作用。对比模型 A 的 C(12) 原子和模型 C、模型 D 的 C(16)原子的电荷,可以看出,SO_3 的吸附导致 C(16)原子 电荷大大降低。因此,SO_3 抑制了相近的 C(16)原子吸附性能,从而可能导致吸附 能的下降。

　　为了进一步检验 SO_3 对汞和碳表面之间黏结力的影响,进行了前沿分子轨道等 值面图的分析,如图 6.4 所示[10]。对于模型 A 来说,它的非占位前沿分子轨道由 π 轨道组成。分子轨道 LUMO 和 LUMO＋1 主要分布在模型上面边缘原子的中 心,这表明电子迁移容易从该处发生,汞原子容易将电荷迁移到碳表面,这与模型 A 具有高的汞吸附性能相一致。对于模型 E 来说,HOMO－3 由汞原子和两个碳 原子、两个碳原子[C(11)和 C(15)]之间的 p－d 杂交轨道构成。此外,杂交轨道构成

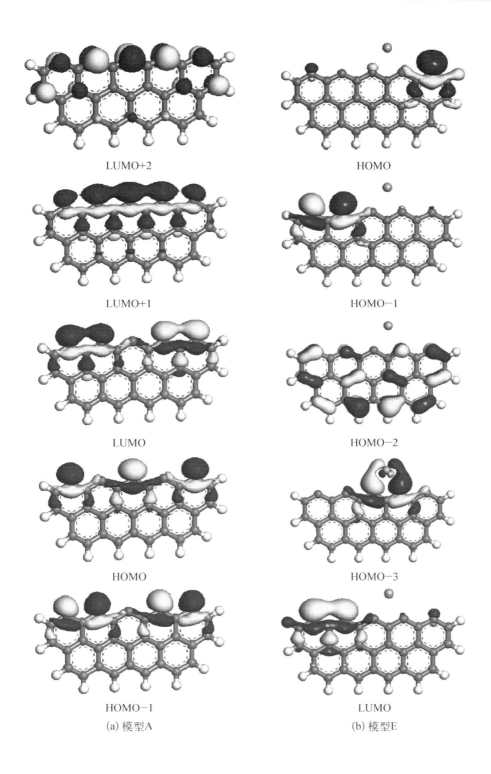

LUMO+2

HOMO

LUMO+1

HOMO-1

LUMO

HOMO-2

HOMO

HOMO-3

HOMO-1

LUMO

(a) 模型A

(b) 模型E

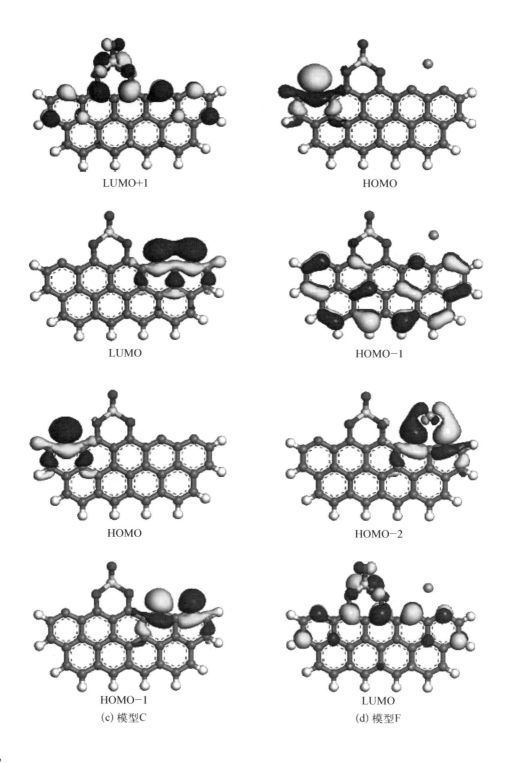

LUMO+1

HOMO

LUMO

HOMO−1

HOMO

HOMO−2

HOMO−1

(c) 模型C

LUMO

(d) 模型F

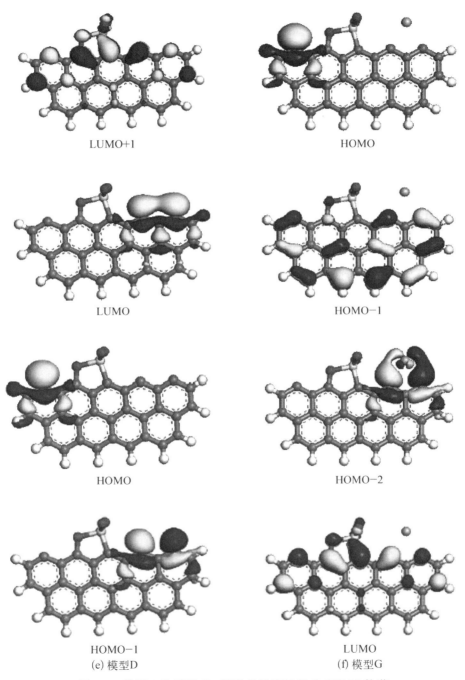

LUMO+1

HOMO

LUMO

HOMO−1

HOMO

HOMO−2

HOMO−1
(e) 模型D

LUMO
(f) 模型G

图 6.4　模型 A 和模型 C～模型 G 的 HOMO 和 LUMO 轨道

模型 C 和模型 D 的非占位前沿分子轨道与模型 A 相比有显著不同,这可能与 SO_3 的吸附有关。模型 C 和模型 D 呈现出相似的 LUMO 和 LUMO+1。其中,LUMO 由 π 轨道组成,并且集中在 C(15)原子和 C(19)原子的中心,这与上文所讨论的关于马利肯总原子电荷的变化是一致的。但 LUMO+1 的空分子轨道在 SO_3 附近,与碳表面的上边缘原子不相同。可以看出,与模型 A 相比,模型 C 或模型 D 的碳不能提供更多的空分子轨道给汞原子,这表明具有 SO_3 的碳表面(模型 C 和模型 D)不能获取更多的配位轨道与汞的 d 轨道杂化。对于模型 F 和模型 G,HOMO-2 呈现出与汞和碳原子之间的相似轨道,这可能是由 p-d 杂化轨道而成。因此,汞原子更易吸附在碳原子上而不是 SO_3 上。因此 SO_3 不仅能直接提供活性位,而且还降低了碳表面的非占位前沿分子轨道。这种现象可能会降低汞吸附在具有 SO_3 的碳表面的吸附能力,导致吸附能的下降。

采用 $\Delta E = E_{LUMO} - E_{HOMO}$ 的值来研究 SO_3 对碳表面的影响,能量越小表明越容易使得配位体轨道与汞的 d 轨道杂化[15]。所有模型的 LUMO-HOMO 能量差如表 6.4 所示[10],具体值如下:模型 A 为 0.180 eV,模型 C 为 0.190 eV,模型 D 为 0.184 eV。因此,可以得出汞原子的吸附能的次序为模型 A>模型 D>模型 C,这与上述关于吸附能的讨论是一致的。

表 6.4　各模型的 LUMO-HOMO 能量差

模　　型	E_{HOMO}/eV	E_{LUMO}/eV	ΔE/eV
A	−4.269	−4.089	0.180
C	−4.276	−4.086	0.190
D	−4.471	−4.287	0.184
E	−4.131	−3.963	0.168
F	−4.074	−3.812	0.262
G	−4.235	−3.981	0.254

6.3　无机物对飞灰汞吸附的作用机理

将活性炭粉末喷入烟气中是最简单、最成熟的控制燃煤烟气汞排放的方法,因为其对元素汞捕捉的效率较高。飞灰中也存在部分未燃尽炭,对汞的去除具有一定作用。但是烟气中的某些酸性气体对活性炭汞脱除能力有很大影响,如前章所述。实验表明活性炭吸附汞的效率和烟气中 SO_2 浓度有关,这主要是 SO_2 与 Hg^0 对活性炭表面的活性位竞争所致。实验研究表明 SO_3 抑制了汞的氧化,降低了活性炭对汞的脱除能力。在上一节的讨论中,从理论上理解了 SO_3 对碳表面汞吸附的抑制机理,这主要是由于 SO_3 的活性比碳原子的高,以及前沿分子轨道和碳表面的 LUMO-HOMO 能量差的不利影响。

6.3.1　H_2SO_4 浸渍碳表面汞吸附机理的研究

最近,一些研究发现用 H_2SO_4 处理活性炭可以促进元素汞的脱除能力[16]。但是,Presto 等[17]通过实验对汞含量进行持续监测的数据证明,不论是在短期还是长期情况下,活性炭表面的 S^{6+} 均会抑制汞的捕捉。H_2SO_4 不利于碳表面对汞的吸附,这与实验所观测到的结果是一致的。H_2SO_4 所表现出的对汞吸附于碳表面的不利影响可能是 H_2SO_4 的浓度不同所引起的。当 H_2SO_4 的浓度较低,只有 $0.2\% \sim 8\%$ 时,H_2SO_4 可以促进汞的吸附[18];而高浓度 H_2SO_4(95%)处理后,表现为抑制汞的吸附。这与实验的结果一致。但是最近实验结果表明,在 100℃ 或 150℃ 下,20% H_2SO_4 浸渍的烟煤型活性炭与 5% H_2SO_4 浸渍的烟煤型活性炭对汞的吸附没有下降。相反地,在 200℃ 下,20% H_2SO_4 浸渍的烟煤型活性炭对汞的吸附更强。因此,H_2SO_4 对汞被吸附于活性炭所产生的影响尚不清楚,需要设计实验获得相关化学反应能量以分析汞吸附过程的捕捉机理。目前还很难通过实验评价 H_2SO_4 对汞的吸附机理,因为利用实验方法还很难直接观察到 H_2SO_4 浸渍的碳表面的结构从而全面分析汞在 H_2SO_4 浸渍的碳表面的化学反应。但是量子计算理论研究可以用来解释汞吸附的机理,这是解决实验局限性的有力工具。

采用密度泛函理论研究 H_2SO_4 对碳表面吸附汞能力的影响,用 SO_4 簇代表浸渍了 H_2SO_4 的碳表面,分析了有无电荷的情况下 SO_4^{2-} 和 SO_4 基团对碳表面吸附汞的影响。对所有可能电荷的 SO_4 簇在碳表面的吸附结构进行了计算,研究可能的吸附结构。并且利用键长、布居数等讨论汞在浸渍了 SO_4 簇后的碳表面的吸附情况。这些结论将有助于理解汞和 H_2SO_4 浸渍碳表面的化学特性,对设计具有高效汞捕获能力的活性炭有重要意义。

1) 计算方法

通过量子化学方法来研究汞在 H_2SO_4 浸渍的碳表面的成键机理,在电子基态下优化可能的表面结构形式以及可能产物的几何结构,获取最稳定状态下的能量。为了进行对比,同时研究了纯碳表面的汞吸附性能。

所有计算采用 Gaussian03 软件获得所有的分子结构及其能量。利用 DFT 方法,该方法的准确性和计算效率都很高。采用 B3LYP 梯度修正法作为混合功能参数,对分子轨道进行计算。研究表明,B3LYP 结合 6-31G(d)基组可以准确地计算出 C—O 键和 C—S 键的物理和化学属性,因此,本节选用了 6-31G(d)作为 C、O、S 和 H 的计算基组。与此同时,因为汞原子外层电子较多,为了节省计算时间,采用赝势代替汞的内层电子。LANL2DZ 计算策略是一种可靠并能准确推断金属的分子特性的方法,因此本节应用 B3LPY/LANL2DZ 对汞原子进行计算。

2)碳及 H_2SO_4 浸渍碳表面模型

如同 6.2.1 节中所采用的碳表面一样,仿真所采用的碳表面结构由九个苯环构成,设定为模型 A。通过对结构进行优化,其结构如图 6.5 所示[10],获得的键长(平均键长 C—C 为 1.42 Å,C—H 为 1.09 Å)和键角(平均键角 ∠C—C—C 为 120°,∠C—C—H 为 119.6°)与实验获得的数据(平均键长 C—C 为 1.42 Å,C—H 为 1.07 Å;平均键角 ∠C—C—C 为 120°,∠C—C—H 为 119.6°)[19]基本一致。二面角为 0°或者 180°,这表明模型 A 的结构特点是单个平面。

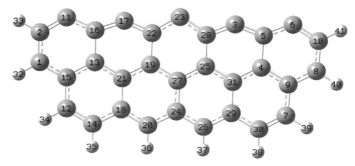

图 6.5　优化后的碳表面

通过马利肯布居数分析可以得到键布居数,通过键布居数可以评价两个原子间的相互作用程度。虽然从物理观点来看键布居数的绝对值没有重大意义,但其相对值是非常有意义的。键布居数正值和零表示两个原子间是成键还是不成键。键布居数越大,表示两个原子间键能越强;键布居数接近零,表示两个原子间没有相互作用。

这里仅仅给出碳表面上边缘部分原子间的键布居数,因为这些键直接影响着汞的吸附。模型 A 中部分原子间的键布居数如表 6.5 所示[10],可以看出,所有C—C 键均有较大的正值,表明 C—C 键存在着很强的共价键。

表 6.5　碳和 H_2SO_4 浸渍碳表面模型的部分键布居数

无电荷情况下	模型 A	模型 B	模型 C	模型 D	模型 E	模型 F	模型 G
C(11)—C(16)	0.489	0.432	0.472	0.470	0.384	0.422	0.415
C(16)—C(17)	0.309	0.383	0.310	0.335	0.286	0.254	0.225
C(17)—C(22)	0.341	0.383	0.364	0.343	0.387	0.368	0.401
C(22)—C(23)	0.370	0.177	0.147	0.308	0.209	0.250	0.190
C(23)—C(28)	0.370	0.193	0.183	0.413	0.191	0.224	0.182
C(28)—C(3)	0.341	0.193	0.179	0.196	0.199	0.196	0.159

（续表）

无电荷情况下	模型 A	模型 B	模型 C	模型 D	模型 E	模型 F	模型 G
C(3)—C(5)	0.308	0.235	0.226	0.406	0.240	0.199	0.223
C(5)—C(6)	0.489	0.488	0.354	0.511	0.495	0.458	0.357
C(23)—C(45)	—	0.247	0.588	—	0.294	0.477	0.605
C(3)—C(38)	—	0.229	—	—	0.243	0.655	—
C(45)—S(43)	—	0.134	0.036	—	0.152	0.042	0.379
C(38)—S(43)	—	0.136	0.118	—	0.163	0.007	0.135
S(43)—O(44)	—	0.454	0.455	—	0.492	0.219	0.495
S(43)—O(46)	—	0.502	0.445	—	0.526	0.300	0.495
C(3)—S(43)	—	—	0.133	—	—	—	0.132
C(6)—C(38)	—	—	0.234	—	0.206	—	0.256
Hg—C(11)	—	—	—	—	0.206	0.204	0.203
Hg—C(17)	—	—	—	—	0.195	0.211	0.189
Hg—O(45)	—	—	—	—	0.006	0.004	0.015
Hg—O(44)	—	—	—	—	—	0.069	—
Hg—O(46)	—	—	—	—	—	0.020	—
Hg—C(3)	—	—	—	0.144	—	—	—
Hg—C(23)	—	—	—	0.162	—	—	—

如前所述，文献研究中 H_2SO_4 处理的活性炭是通过稀 H_2SO_4 溶液浸渍活性炭，然后置于干燥箱中干燥，很显然 H_2SO_4 溶液是由 H^+ 和 SO_4^{2-} 构成而不是 H_2SO_4 分子构成的，因此，由 H_2SO_4 溶液浸渍的活性炭可以被认为是 H^+ 和 SO_4^{2-} 吸附在碳表面上，最终 H_2SO_4 浸渍的活性炭成为具有 H^+ 和 SO_4^{2-} 的碳表面。当样品被放置在干燥箱中干燥时，很难验证这两个离子结构是否会出现电荷迁移。所以需要综合考虑 H_2SO_4 浸渍碳表面的结构形式，以便对汞吸附性能进行研究。因此，本节对有无电荷的两种类型的化学官能团进行了研究。另外，H^+ 吸附保证了电荷平衡和合适的化学环境，对汞在碳表面上吸附的影响有限，因此将 H^+ 变为模型 A 四周和下端碳原子的钝化原子，其对汞捕捉的影响不予考虑。本节仅仅研究包括硫原子和氧原子的 SO_4 基团和 SO_4^{2-} 的化学官能团在 H_2SO_4 溶液浸渍的碳表面上的汞吸附机理。

首先讨论所有可能的 SO_4 或 SO_4^{2-} 吸附在碳表面上的吸附模型。可以看出，碳原子 C(11)、C(17)、C(3) 和 C(6) 位于结构的边缘，这些位置不能对吸收了 SO_4 或 SO_4^{2-} 的碳表面提供足够的空间进行松弛，将导致计算结果不准确，因此，选择碳原子 C(3) 和 C(23) 作为吸收 SO_4 或 SO_4^{2-} 的活性位。所有可能的 SO_4 或 SO_4^{2-} 吸附在碳表面的两个活性位上的结构如图 6.6 所示[10]，分别用 Ⅰ、Ⅱ 和 Ⅲ

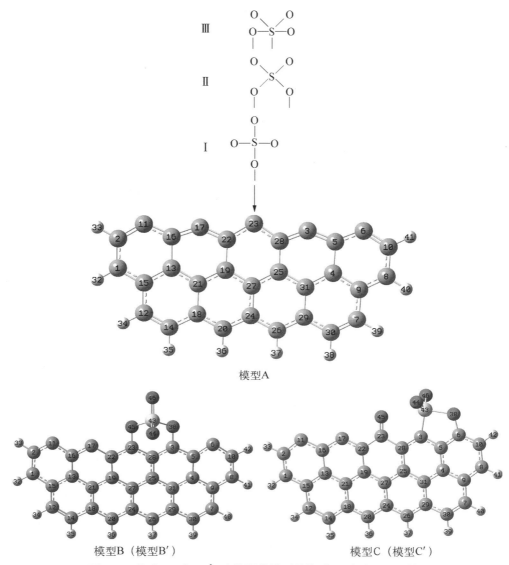

图 6.6　吸附 SO_4 和 SO_4^{2-} 官能团的模型结构(括号内为吸附结构，
图中 38、44~46 号原子为氧，43 号原子为硫)

表示。利用 Gaussian03 软件，除了电荷参数分别设置为 0 和 −2 外，其他参数设置相同，计算优化具有 SO_4 或 SO_4^{2-} 结构的模型。由于吸附 SO_4 和吸附 SO_4^{2-} 的碳结构很相似，这里采用同样的字母和单引号来区别，如模型 X 和模型 X′ 分别代表被在同样活性位的 SO_4 和 SO_4^{2-} 吸附的碳表面。此处 X 指的是字母 B、C、E、F 或 G。结果表明，Ⅰ 和 Ⅱ 结构生成的模型具有相同的原子结构，记作模型 B（模型 B′），Ⅲ 结构生成模型 C（模型 C′）的原子结构。各种结构的吸附能如表 6.6 所示[10]。模型 B 对 SO_4 的吸附能为 -234.02 kcal/mol，大于模型 B′对 SO_4^{2-} 的吸附能（-213.13 kcal/mol）。同样，模型 C 对 SO_4 的吸附能也大于模型 C′对 SO_4^{2-} 的吸附能，其吸附能大小分别为 -315.58 kcal/mol 和 -271.87 kcal/mol。因此，结构的稳定性排序为模型 C>模型 C′>模型 B>模型 B′，表明 SO_4 吸附在模型 A 相对应的活性位上比 SO_4^{2-} 更加稳定。吸附能的计算结果表明 SO_4 和 SO_4^{2-} 吸附在碳表面属于化学吸附，在表面上的作用力是引起化学成键的较强的共价键，这与键布居数的计算结果是吻合的（见表 6.5 和表 6.7[10]）。数据显示，所有模型的 C—S 键和 C—O 键的布居数都很大，说明 SO_4 或 SO_4^{2-} 和碳表面之间有较强相互作用。此外，在活性位上所有的 C—C 键都变弱，这是因为其键布居数都有不同程度的下降，表明一部分电子迁移到 SO_4 或 SO_4^{2-} 基团。

表 6.6　所有模型的吸附能

模　型	吸附质	$E_{ads}/(kcal/mol)$	模　型	吸附质	$E_{ads}/(kcal/mol)$
模型 B	SO_4	-234.02	模型 B′	SO_4^{2-}	-213.13
模型 C	SO_4	-315.58	模型 C′	SO_4^{2-}	-271.87
模型 D	Hg^0	-17.87	—	—	—
模型 E	Hg^0	-20.97	模型 E′	Hg^0	-5.17
模型 F	Hg^0	-41.83	模型 F′	Hg^0	-37.68
模型 G	Hg^0	-22.03	模型 G′	Hg^0	-10.29

表 6.7　SO_4^{2-} 浸渍碳表面部分键的布居数

有电荷情况下	模型 B′	模型 C′	模型 E′	模型 F′	模型 G′
C(11)—C(16)	0.465	0.476	0.465	0.503	0.507
C(16)—C(17)	0.406	0.352	0.350	0.227	0.292
C(17)—C(22)	0.377	0.381	0.379	0.432	0.406
C(22)—C(23)	0.244	0.195	0.236	0.206	0.213
C(23)—C(28)	0.206	0.192	0.197	0.230	0.203
C(28)—C(3)	0.214	0.119	0.224	0.233	0.110
C(3)—C(5)	0.244	0.207	0.245	0.246	0.225
C(5)—C(6)	0.556	0.354	0.554	0.499	0.359
C(23)—O(45)	0.209	0.539	0.212	0.592	0.572
C(3)—O(38)	0.211	—	0.217	0.542	—
C(45)—S(43)	0.153	0.062	0.175	0.016	0.056
C(38)—S(43)	0.159	0.113	0.184	0.031	0.131
S(43)—O(44)	0.455	0.438	0.493	0.281	0.480
S(43)—O(46)	0.498	0.437	0.523	0.265	0.480

（续表）

有电荷情况下	模型 B′	模型 C′	模型 E′	模型 F′	模型 G′
C(3)—S(43)	—	0.149	—	—	0.156
C(6)—C(38)	—	0.226	—	—	—
Hg—C(11)	—	—	0.153	0.157	0.144
Hg—C(17)	—	—	0.192	0.180	0.184
Hg—O(45)	—	—	0.006	0.025	0.017

3）SO_4 和 SO_4^{2-} 对汞在碳表面吸附的影响

为了研究 SO_4 和 SO_4^{2-} 对碳表面汞吸附的影响，将 Hg^0 分别吸附在模型 A、模型 B、模型 B′、模型 C 和模型 C′ 上，设置 top 位和 bridge 位的活性点作为吸附 Hg^0 的位置。Hg^0 吸附在两个吸附位置处的所有模型及其优化后的结构如图 6.7 所示[10]，所有模型的键布居数如表 6.5 和表 6.7 所示。

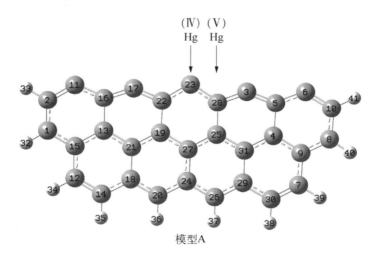

模型A

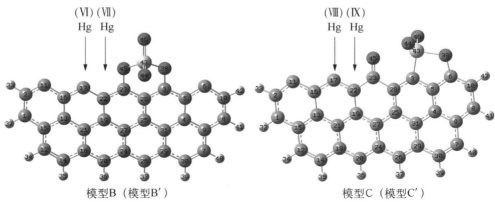

模型B（模型B′）　　　　　　模型C（模型C′）

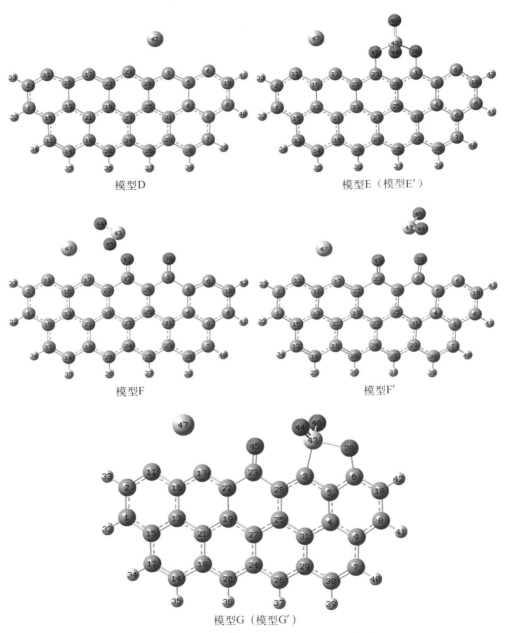

模型D

模型E（模型E′）

模型F

模型F′

模型G（模型G′）

图 6.7　SO_4 和 SO_4^{2-} 吸附碳表面汞的吸附模型

结果表明，Ⅳ和Ⅴ具有相同的原子结构模型 D。Hg^0 吸附在碳表面的吸附能是 -17.87 kcal/mol，这与文献[20]中报道的结论一致，Hg—C(3) 键和 Hg—C(23) 键的布居数分别是 0.144 和 0.162，表明汞和碳原子之间有相对较强的相互作用。

模型 B 和模型 B′吸附 Ⅵ 结构后的结构分别为模型 E 和模型 E′,两者结构非常相似,但是模型 E 和模型 E′的吸附能却有很大差别,吸附能分别是-20.97 kcal/mol 和-5.17 kcal/mol。可以看出,相对于纯的碳表面,具有 SO_4 的碳表面能够提高汞吸附的稳定性。然而 SO_4^{2-} 却降低了碳表面对 Hg^0 的吸附能力,因为它的吸附能比模型 D 的要小很多。计算结果也表明 Hg^0 吸附可能不会引起 SO_4 和 SO_4^{2-} 簇过多的电子迁移,因为模型 E 或模型 E′的 C—S 键和 C—O 键的布居数在 Hg^0 吸附前后的值相近。模型 E 的 Hg—C 键布居数大于模型 E′,可以得出,与模型 E′相比,模型 E 具有更强的 Hg^0 吸附能力,这与上文中从吸附能观点推断出的结论一致。Ⅶ方式得到的汞吸附结构为模型 F 和模型 F′。可以看出,吸附在碳表面的 SO_4 和 SO_4^{2-} 簇与 Hg^0 结合时,可能分离出 SO_2,这证明可能存在 Morris 等[19]提出的化学反应。

$$Hg + 2H_2SO_4 \longrightarrow HgSO_4 + SO_2 + 2H_2O \qquad (6.2)$$

从中也可以确定 S^{6+} 能够将 Hg^0 氧化成 Hg^{2+},而其价态降到 S^{4+}。模型 F 和模型 F′的 Hg^0 吸附能大幅增加,分别达到-41.83 kcal/mol 和-37.68 kcal/mol,相比于模型 D 的 Hg^0 吸附能要大很多。数据显示分解出 SO_2 对碳表面吸附 Hg^0 具有很大影响。优化模型显示分离出的 SO_2 最终位于不同的位置,一个靠近 Hg^0 原子,另一个与 Hg^0 原子存在一定的距离,这可能会影响到模型 F 和模型 F′的吸附能。键布居数表明 Hg^0 与碳原子 C(11)和 C(17)相互作用,模型 F 中的 Hg—C(11)和 Hg—C(17)键布居数大于模型 F′的相关键布居数,表明模型 F 比模型 F′具有更强的 Hg^0 吸附能力。此外,模型 F 中 Hg—O(44)和 Hg—O(46)的键长分别达到 2.512 Å 和 3.259 Å,键的布居数分别为 0.069 和 0.020。因此,Hg 也与氧原子 O(44)和 O(46)相互作用。然而 Hg—O(45)键的布居数仅仅为 0.004,接近于零,Hg 和 O(45)之间没有相互作用。同时,模型 F′的 Hg—O(45)键的布居数提高到 0.025,表明 Hg 和 O(45)之间有微弱的相互作用,这有助于提高 Hg^0 的吸附能力。实验研究表明,表面上的氧能够促进相邻位的活性,有利于汞的吸附。理论结果也表明,表面的半醌官能团可以大大提高碳表面 Hg^0 的吸附能力[20]。同时,在烟气中存在的 SO_2 有助于活性炭汞脱除性能的提高。可以看出,分解过程在表面形成的半醌官能团和 SO_2 都有助于提高碳表面对汞的吸附能力,从而使得模型 F 和模型 F′提高对汞脱除的能力。

模型 C 和模型 C′中硫原子和两个氧原子靠近碳表面,Ⅷ和Ⅸ方式产生相同的结构模型 G 和模型 G′。模型 G 和模型 G′对 Hg^0 的吸附能分别是-22.03 kcal/mol 和-10.29 kcal/mol。模型 G 中 Hg—C(11)键和 Hg—C(17)键的布居数也比模型 G′相关的布居数要大。SO_4 吸附的碳表面对 Hg^0 的吸附能力比 SO_4^{2-} 吸附的碳表面强。SO_4 可以提高碳表面的汞吸附能力,而 SO_4^{2-} 却并没有表现出相同的趋势。

键的布居数表明氧原子 O(45)和硫原子 S(43)并没有很强的相互作用。碳表面形成了表面含氧官能团,与模型 E 或模型 E′相同,将会增加碳表面对汞的吸附性能,但是,优化后的碳表面形成了 SO_3 官能团,前述研究表明,该官能团制约了碳表面对汞的吸附。因此模型 G 和模型 G′对 Hg^0 的吸附能比模型 F 或模型 F′要小。

吸附能数据显示碳表面对汞的吸附能比对 SO_4 或 SO_4^{2-} 要小,表明 SO_4 或 SO_4^{2-} 比 Hg^0 更容易被吸附在碳表面上。此外,相对于 SO_4^{2-} 而言,SO_4 浸渍的碳表面具有更高的汞吸附能力,并且结果显示,所有的具有 SO_4 的碳表面的吸附能都大于纯碳表面的吸附能。SO_4^{2-} 浸渍的碳表面,除模型 F 和模型 F′外,没有表现出可以提高碳表面对 Hg^0 吸附的能力。因此,可以看出碳表面浸渍了高浓度的 H_2SO_4 后,它的汞吸附能力会大大下降,这是 H_2SO_4 和汞对于活性位的竞争机制所引起的,与实验结论是相符合的。同时,低浓度 H_2SO_4 也并不能提高汞吸附能力,这取决于 SO_4^{2-} 表面电荷的分布情况。这些结论可以用于解释为什么 H_2SO_4 浸渍碳的表面汞脱除实验结论之间相互矛盾。假定浸渍 H_2SO_4 的活性炭包含 SO_4 和 SO_4^{2-},其在碳表面存在的含量取决于活性炭以及化学反应环境等。当 SO_4 的浓度大于 SO_4^{2-} 时,碳表面对汞吸附能力将会有所提高,对汞脱除具有积极作用。但是,当 SO_4^{2-} 的含量较大时,碳表面对汞的吸附能力便会下降,从而不利于汞的脱除。

6.3.2 Hg/Al_2O_3 界面的原子和电子结构的理论研究

飞灰的主要成分是 Al_2O_3 和 SiO_2,所以研究 Al_2O_3 的汞脱除特性有助于较好地理解飞灰去除汞的作用机理,在原子尺度上研究 Al_2O_3 固体材料对汞元素的化学特性以及催化特性,有助于理解尾矿与汞之间的关系。

采用基于密度泛函理论(DFT)的第一性原理的平面波赝势方法,研究 Al_2O_3 和汞元素界面的结构和电子特性,并研究 Al_2O_3 材料的吸附机理。分析 top 和 hollow 活性位上汞的吸附,并通过分析几何模型、局部态密度、电荷密度差进行原子结构和电子特性的研究。

1) 计算方法

Al_2O_3 模型结构如图 6.8 所示[10],假设 Al_2O_3 表面没有重构,六面体 Al_2O_3 的晶格参数如下:$\alpha=\beta=90°$,$\gamma=120°$,$a=b=0.476$ nm,$c=1.299$ nm,如图 6.8(a)所示。将 Al_2O_3 晶体切分形成自由表面作为界面模型,然后采用基于密度泛函理论的第一性原理对 Al_2O_3 的吸附特性进行计算和分析,对 Al_2O_3(100)面进行分析,形成 Al_2O_3 的自由表面。一般而言,Al_2O_3 材料包含了按照一定规律排布的铝原子和氧原子,存在全为铝的富铝面和全为氧的富氧面这两种类型。本节所研究的(100)面中既包含了铝原子也包含了氧原子,故对于仅包含富铝原子或富氧原子的界面不作考虑,这是因为汞和铝或氧原子的相互作用都可以在(100)晶面得以体现。Al_2O_3晶格参数较大,计算时需要消耗大量时间,因此Al_2O_3(100)表面仅取为(1×1)的晶格范围,包含四层铝和氧混合面,如图 6.8(b)所示,形成 $Al_{12}O_{18}$分子结构模型作为仿真所用模型。基于吸附理论,汞原子吸附在表面的 top 和 hollow 这两个特殊活性位。当元素汞位于 top 位时,即放置于自由表面中一个氧原子的上方,如图 6.8(c)所示。其中,铝原子上方的 top 位并不在研究范围之中,因为计算结果表明该结构并不对汞产生吸附效果。汞原子位于 hollow 位上方的结构,如图 6.8(d)所示。所有的计算都是基于密度泛函理论的第一性原理平面波赝势方法,所有计算均采用 CASTEP 软件完成。

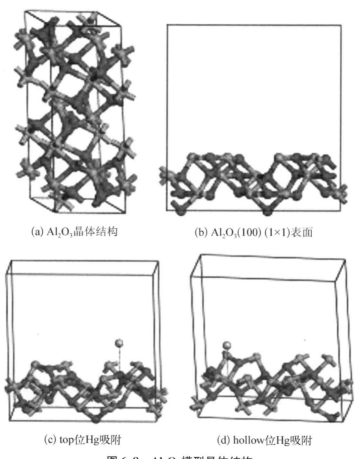

(a) Al_2O_3晶体结构　　　　(b) Al_2O_3(100) (1×1)表面

(c) top位Hg吸附　　　　(d) hollow位Hg吸附

图 6.8　Al_2O_3模型晶体结构

2) Hg/Al_2O_3界面几何模型

对所有模型进行几何优化,对 top 位和 hollow 位吸附后的结构重构进行计算。在计算过程中,将所有在底层的原子固定,其他原子允许自由移动。结果表明,弛豫后的结构与原始态晶体结构出现较大变化,重构现象比较明显,优化的最终结构如图 6.9 所示[10]。top 吸附位的汞原子优化结构如图 6.9(a)所示,可以看出与汞邻近的氧原子发生移动,朝着汞原子方向聚集。但是表面上的铝原子的位置并没有发生较大变化,说明 top 位上的铝原子和汞原子之间并没有较强的相互作用。图 6.9(b)显示了 hollow 位上的汞原子优化结构。一个铝原子和三个氧原子的位置进行了重构和协调,结构发生了变化,均朝着汞原子的

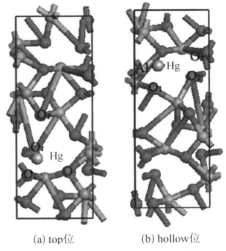

(a) top位　　　(b) hollow位

图 6.9　吸附 Hg 后的氧化铝结构

方向移动。因此,在 Al_2O_3 或相似的氧化物材料吸附汞的过程中,氧可能起到了至关重要的作用。

3) Hg/Al_2O_3 界面间的电子结构

分析 $Al_2O_3(100)$ 与汞晶体结构和电子特性最有用的方法就是与 Al_2O_3 晶体结构进行比较,分析的方法有表面能量、弛豫、局部(能)态密度(partial density of states,PDOS)和表面态等。虽然结构优化提供了界面最终原子位置和结构,但是对于 Al_2O_3 的吸附特性分析仍然不足。本节通过铝、氧和汞原子的电子轨道进一步揭示汞元素与 Al_2O_3 界面之间的作用机理。PDOS 是一种非常有效的分析电子轨道的半定量分析工具,可用于分析系统中原子的电子轨道能谱及其对电子云的贡献程度。

首先进行 Al_2O_3 晶体的电子结构计算,为对比汞吸附 $Al_2O_3(100)$ 界面电子结构提供参考。Al_2O_3 晶体的 PDOS 分析表明 Al3sp—O2sp 能带交叠在两个区域范围(−20~16 eV 和−7~0 eV),这有助于形成较强的极性键。与 Al_2O_3 晶体相比,$Al_2O_3(100)$ 晶体中的 Al3sp 轨道在−20 eV 和−18 eV 之间的峰较大程度地被削减。对于 O2sp 轨道,可以看出电子发生了迁移,电子轨道能量范围缩小到 1.6 eV,即从−20 eV 到−18.4 eV。但是,从−7 eV 到 0 的低能量的电子态铝原子和氧原子都发生了变化,迁移到更高的结合能,这有利于降低表面电子的局域化程度,从而使汞与 $Al_2O_3(100)$ 晶体表面的电子轨道发生重叠。与汞元素的 PDOS 相比,top 位上 PDOS 的汞曲线并没有发生较大变化,表明汞原子和 $Al_2O_3(100)$ 表面之间没有轨道重叠和电子迁移。也就是说,$Al_2O_3(100)$ 自由表面的 top 位与汞原子形成极性键的可能性比较小。

由计算结果可知,铝原子的电子轨道并没有发生较大变化,氧原子在 $-8 \sim -3$ eV 范围内出现了部分电子迁移,电子态密度发生了变化,这可能与汞的吸附有关,但其带宽仍然保持恒定,表明其与汞之间的吸附非常弱,并没有形成 Hg—O 键的可能。对于 hollow 位结构,Hg—5d 峰发生了变化,迁移到较高键能,移动范围达到 1 eV。而在此位置处,O—2p 轨道有较显著的峰,这表明 O—2p 和 Hg—5d 可能出现耦合。值得注意的是 O—2p 在 $-8 \sim 0$ eV 范围内态密度出现了两个明显的峰,可以预测 O—2p 和 Hg—5d 轨道间出现了杂化现象。与此同时,在 $-20 \sim -16$ eV 范围内的 O—2p 态密度峰消失,这也可能是与汞的电子交互引起的。此外,还可以得知铝原子的电子态密度仍没有发生任何变化,这表明 Al_2O_3 材料中的铝元素并不参与对汞的吸附,但是部分位置上的氧可能对汞产生影响。

另外,通过计算电荷密度差对界面之间的电荷分布情况进行分析,在 top 位置上汞的电子云图并没有出现较大变化,表明汞与 Al_2O_3(100)自由表面的 top 位并没有太多的电子交互,而 hollow 位置上汞的电子云图却出现了变化,这与 Al_2O_3(100)自由表面有关,表明汞与 Al_2O_3(100)自由表面的 hollow 位存在相关的电子间迁移。可以看出,电荷密度差的研究结果与 PDOS 分析吻合。

6.4 飞灰汞吸附动力学模型

已有很多采用活性炭等吸附剂除汞的实验研究,但是从吸附动力学方面考虑,已建立的相关数学模型并不是很多。有些学者从吸附等温线进行分析,根据吸附质在各种条件下的吸附量,得到部分热力学数据,不同的吸附等温线反映了吸附剂对吸附质的不同吸附机理。鉴于上述研究[21-23],本节从吸附热力学和动力学综合考虑,并运用大型计算软件 Fluent 对多相流反应器内流场的压力、速度和温度的分布进行模拟,采用 CHEMKIN 软件包的化学和相平衡反应器,以多相流反应器中的烟气为对象,建立汞的均相反应的化学热力学平衡模型,考察了各温度条件下烟气中各种成分对汞热力学平衡形态的影响,为进一步研究燃煤飞灰与烟气汞的作用机理做了理论上的分析。

6.4.1 吸附理论

燃煤飞灰吸附烟气汞涉及多个动力学过程,一般由下列三个连续过程构成:

(1) 吸附质通过固体表面"液膜"向固体吸附剂外表面扩散,称为膜扩散。

(2) 吸附质在吸附剂颗粒内部的扩散,有孔隙中的溶液扩散(孔隙扩散)和孔隙内表面的二维扩散(内表面扩散)并联组成的两部分。

(3) 吸附质在吸附剂微孔表面的吸附"反应"。

通常采用两种方式进行数学描述：一是利用菲克(Fick)扩散法；二是朗缪尔(Langmuir)吸附率表达式。条件假设：① 只考虑烟气汞在飞灰表面的吸附；② 飞灰颗粒均为球形；③ 多相流反应器内的气体流速是均匀的。

燃煤飞灰是一种粉末状且多孔的固体吸附材料，它具有较强的吸附能力，在吸附过程中称为吸附剂，被吸附的物质称为吸附质。吸附剂与含有吸附质组分的气体相接触，气固两相组成一个体系时，气相组成在两相界面与两相内部是不同的，处在两相界面处的成分产生了积蓄(浓缩)，这种现象称为吸附[24-25]。按吸附作用力的性质不同，可将飞灰表面的吸附分为物理吸附和化学吸附。物理吸附和化学吸附的比较如表 6.8 所示[25]。

表 6.8　物理吸附和化学吸附的比较

性　质	物　理　吸　附	化　学　吸　附
吸附热	液化热(1～40 kJ/mol)	反应热(40～400 kJ/mol)
吸附力	范德华力弱	化学键力强
吸附层数	单分子层或多分子层	单分子层
吸附选择性	无	有
吸附速率	快	慢
吸附活化能	不需	需要、高
吸附温度	低温	较高温度
吸附层结构	基本同吸附分子结构	形成新的化合态

6.4.2　燃煤飞灰吸附汞的数学模型

1）等温吸附模型[26]

（1）朗缪尔等温式。朗缪尔假设吸附剂表面具有均一性，各处的吸附能相同；吸附是单分子层的，当吸附剂表面的吸附质饱和时，其吸附量达到最大值；在吸附剂表面上的各个吸附点间没有吸附质的转移运动；达到动态平衡时，吸附和脱附速度相等。

（2）B. E. T. 等温式。B. E. T. 模型假定在原先被吸附的分子上仍可吸附另外的分子，同时发生多分子层吸附；而且不一定等第一层吸满后再吸附第二层；对每一层都可用朗缪尔等温式描述，第一层吸附时靠吸附剂与吸附质间的分子引力，而第二层以后是靠吸附质分子间的引力，这两类引力不同，因此它们的吸附热也不同。总吸附量等于各层吸附量之和，由此可以导出 B. E. T. 等温式为

$$q_e = q_{max} \frac{B C_e}{(C_s - C_e)[1 + (B-1)C_e/C_s]} \tag{6.3}$$

式中：q_{max} 为饱和吸附量；q_e 为平衡吸附量；C_s 为吸附质的饱和度；C_e 为平衡浓度；B 为常数，与吸附剂和吸附质的相互作用能相关。

（3）弗罗因德利希（Freundlich）等温式。该等温式为指数函数形式的经验公式：

$$q_e = KC_e^{1/n} \tag{6.4}$$

式中：K、n 是与吸附剂、吸附质种类和吸附剂温度有关的经验常数，其中 n 主要与温度和吸附体系本质有关，且 $n>1$。K、n 均随温度的升高而下降，其中 K 随温度的升高而急剧下降。

弗罗因德利希等温式是纯经验公式，但也可以从朗缪尔等温式导出。该公式并未限定于单层吸附，且可用于不均匀表面的条件下。此吸附公式的基本假设如下：① 吸附表面是不均匀的；② 吸附质吸附在吸附剂上之后并没有键结或脱离现象发生；③ 完全没有化学吸附现象。

本节利用等温吸附模型计算燃煤飞灰吸附量的公式为

$$q = \int_0^t \left(1 - \frac{C_i}{C_{in}}\right) Q \mathrm{d}t \times C_{in}/m \tag{6.5}$$

经过离散化并积分得出下面的公式：

$$q = (Q/m) \times \left(C_{in}t - \int_0^t C_i \mathrm{d}t\right) \tag{6.6}$$

式中：q 为 t 时单位质量的吸附剂吸附吸附质的吸附量，ng/g；Q 为模拟烟气经过主体反应器的流量，$\mathrm{m}^3/\mathrm{min}$；$C_{in}$ 为进入主体反应器前的汞浓度，$\mu\mathrm{g/m}^3$；C_i 为离开主体反应器的浓度，$\mu\mathrm{g/m}^3$；m 为燃煤飞灰吸附剂的质量，g。

就电厂 1（见第 4 章）的燃煤飞灰，分别利用朗缪尔等温式和弗罗因德利希等温式对飞灰吸附烟气汞进行模拟，同时进行数据的线性回归分析，计算结果如表 6.9 所示[25]，表中 Q 为平衡吸附量，b 为平衡常数，R^2 为线性拟合的相关性系数，用于判定线性回归直线的拟合程度。

表 6.9 朗缪尔和弗罗因德利希等温吸附线模拟结果

吸附温度/℃	朗缪尔等温吸附线			弗罗因德利希等温吸附线		
	$Q/(\mathrm{mg/g})$	b	R^2	K	n	R^2
150	3.91	0.985	0.98	0.115	1.342	0.97

从表 6.9 可以知道，电厂 1 飞灰吸附烟气汞的参数 n 大于 1，有利于吸附；但是朗缪尔等温吸附线的 R^2 为 0.98，大于弗罗因德利希等温吸附线的 R^2（0.97），可以

说明燃煤飞灰吸附烟气汞更加符合朗缪尔等温吸附,主要原因可能是燃煤飞灰组分中的活性组分被激发,从而增加飞灰表面的活性位,进一步有利于增加燃煤烟气汞在飞灰颗粒表面的停留空间。

2）吸附动力学模型

（1）膜扩散。假设吸附为一级不可逆反应,吸附剂外表是均等可及的,边界层有一定的厚度,其中只进行传质,浓度梯度是线性变化的。根据菲克定律,膜扩散方程为：

$$\frac{\mathrm{d}q}{\mathrm{d}t} = a\frac{K_{\mathrm{f}}}{\rho_{\mathrm{b}}}(C - C_{\mathrm{b}}) \tag{6.7}$$

式中：K_{f} 为液膜传质系数,cm/s;a 为单位体积吸附剂的外表面积,cm^2;ρ_{b} 为单位体积床层的吸附剂量,g/cm;C 为液膜外表面浓度,即溶液主体浓度,g/cm;C_{b} 为液膜内表面浓度,g/cm。

（2）颗粒内扩散。采用韦伯-莫里斯（Weber-Morris）方程研究飞灰颗粒内的吸附过程[27],具体形式如下：

$$q_t = K_{\mathrm{id}}t^{1/2} + C \tag{6.8}$$

式中：q_t 为 t 时的吸附量,mg/g;C 为截距,即液膜厚度,mg/g;K_{id} 为颗粒内扩散速率,mg/(g·min$^{1/2}$)。

（3）吸附速率方程。

① 基于固体吸附量的拉格尔格伦（Lagergren）一级吸附速率方程是应用最普遍的吸附动力学方程,方程式为：

$$\frac{\mathrm{d}q}{\mathrm{d}t} = K_1(q_{\mathrm{e}} - q_t) \tag{6.9}$$

式中：q_t 为 t 时的吸附量,mg/g;K_1 为一级吸附速率常数,L/min;q_{e} 为饱和吸附量,mg/g。

② 基于固体吸附量的二级吸附速率方程,其具体形式如下：

$$\frac{\mathrm{d}q}{\mathrm{d}t} = K_2(q_{\mathrm{e}} - q_t)^2 \tag{6.10}$$

式中：q_t 为 t 时的吸附量,mg/g;K_2 为二级吸附速率常数,g/(mg·min);q_{e} 为饱和吸附量,mg/g。

本节采用一级和二级吸附速率方程对模拟飞灰颗粒吸附烟气汞的模型进行研究。

在恒温等压条件下,吸附过程如下所示：开始状态下,吸附时间为 0 时,吸

附量为 $q=0$；吸附时间为 t 时，吸附量为 $q=q_t$；饱和状态下，吸附时间为 t_e 时，吸附量为 $q=q_e$。

a）假设燃煤飞灰吸附烟气汞的模型符合一级吸附速率方程，拉格尔格伦方程式由气体在固体表面吸附的模型为基础推导得出，其方程的表达式为

$$\frac{\mathrm{d}q}{\mathrm{d}t}=K_1(q_e-q_t) \tag{6.11}$$

结合上述边界条件，对式（6.11）进行积分，方程可以变形得到下列线性形式：

$$\lg(q_e-q_t)=\lg q_e-K_1 t \tag{6.12}$$

b）假设燃煤飞灰吸附烟气汞的模型符合二级吸附速率方程，结合上述边界条件，可变形为线性形式：

$$\frac{t}{q_t}=\frac{1}{K_2 q_e^2}+\frac{t}{q_e} \tag{6.13}$$

以 $\lg(q_e-q_t)$ 和 t/q_t 对时间 t 进行作图，再运用线性回归——最小二乘法对实验结果进行模拟，结合电厂 1 燃煤飞灰的吸附数据（见第 4 章），比较相符的程度，通过比较线性相关系数的大小确定飞灰吸附烟气汞的模型。

吸附动力学反应方程模拟结果如表 6.10 所示[25]。由表 6.10 可知，二级吸附速率方程的线性相关系数大于 0.99，一级吸附速率方程的线性相关系数仅为 0.941 3，说明研究的燃煤飞灰吸附烟气汞的模型更符合二级吸附动力学反应模型，同时可以说明一级吸附速率方程在整个吸附期间不能与实验数据吻合。

表 6.10　吸附动力学反应方程模拟结果

吸附温度/℃	一级吸附速率方程		二级吸附速率方程	
	$K_1/(\mathrm{L/min})$	R^2	$K_2/[\mathrm{g/(mg \cdot min)}]$	R^2
150	0.004 5	0.941 3	0.000 21	0.997 4

6.4.3　燃煤飞灰与烟气汞作用机理的数值模拟

1）烟气成分与燃煤烟气汞的反应机理

我国的汞污染日益严重，并以电厂燃煤烟气的汞排放为主。在燃煤电厂烟气汞排放测试与减排控制系统中，飞灰、烟气组分与烟气中重金属汞的作用是造成测试系统误差的重要来源，同时，飞灰、烟气组分与汞的作用也成为烟气汞形态转化的重要机制，认识其中的规律对于把握烟气汞测试关键技术、减少测试误差以及减少烟气汞等污染物的排放，都有十分重要的意义[10,28-33]。

　　燃煤烟气中与汞发生作用的不仅有 N、S、Cl 等常见的气体元素,也有可能是飞灰中无机矿物质中的金属元素包括 Ca、Al、Na、Fe 和 Cl 等物质,这些物质对烟气汞的形态转化和分布有一定的催化氧化作用。可能存在的具体反应机理如下:

$$CaO + 2HCl \longrightarrow CaCl_2 + H_2O \tag{6.14}$$

$$CaO + Cl_2 \longleftrightarrow CaCl_2 + \frac{1}{2}O_2 \tag{6.15}$$

$$CaO + HgCl_2 \longleftrightarrow CaCl_2 + Hg + \frac{1}{2}O_2 \tag{6.16}$$

　　燃煤烟气与飞灰中的 Na、K 等金属元素由于活性很强,会受炉膛中氧化氛围的影响而被氧化。以 Na 为例,其氧化还原反应机理如下:

$$NaCl + H_2O \longrightarrow NaOH + HCl \tag{6.17}$$

$$2NaCl + H_2O + SO_2 \longrightarrow Na_2SO_3 + 2HCl \tag{6.18}$$

$$2NaCl + H_2O + SO_3 \longrightarrow Na_2SO_4 + 2HCl \tag{6.19}$$

$$2NaCl + H_2O + SO_2 + \frac{1}{2}O_2 \longrightarrow Na_2SO_4 + 2HCl \tag{6.20}$$

$$2NaCl + H_2S \longrightarrow Na_2S + 2HCl \tag{6.21}$$

$$2NaCl + H_2O + SiO_2 \longrightarrow Na_2SiO_3 + 2HCl \tag{6.22}$$

　　与此同时,当烟气成分中同时含有 SO$_2$ 时,含 Cl 的化合物可能利用气体中的 O$_2$,与汞和 SO$_2$ 发生化学反应,这种方式导致烟气中汞的形态发生变化。

$$2NaCl + SO_2 + O_2 \longrightarrow Na_2SO_4 + Cl_2 \tag{6.23}$$

汞与 HCl 直接反应:

$$Hg^0(g) + 2HCl \longrightarrow HgCl_2(g) + H_2(g) \tag{6.24}$$

　　有学者通过热力学计算发现[34-37],该反应具有很高的能量壁垒,在温度较低的情况下(600 K 以下)此化学反应速率相对较慢。在较高的温度下,反应可能通过一系列中间化学反应产生氯原子和氯分子,促使化学反应加速进行,从而生成产物 HgCl$_2$。Sliger 等[38]认为,烟气中汞形态的变化,也就是 HgCl$_2$ 的产生,关键在于氯原子(Cl),因为 Cl 可以在正常气体的任何温度状况下氧化烟气中的单质汞(Hg^0),所以可以认为烟气中的氯元素的含量是决定烟气汞向着 $HgCl_2$ 转化的关键因素。对于上述烟气中存在 HCl 的情况下,可能发生的化学反应如下:

$$2Hg^0(g) + 4HCl(g) + O_2(g) \longrightarrow 2HgCl_2(g,s) + 2H_2O(g) \quad (6.25)$$

$$HCl(g) \longrightarrow Cl + H \quad (6.26)$$

$$Hg^0(g) + 2Cl \longrightarrow HgCl_2(s,g) \quad (6.27)$$

$$2Cl \longrightarrow Cl_2(g) \quad (6.28)$$

$$Hg^0(g) + Cl_2(g) \longrightarrow HgCl_2(g,s) \quad (6.29)$$

综上所述,锅炉的燃烧温度和烟气的出口温度都对烟气中汞的形态分布和转化有较大影响。从上述方程式中不难发现,温度条件对氯元素与汞的化学反应有着重要的影响。

2)烟气成分与汞均相反应模拟

实验条件下,烟气组分与燃煤烟气汞的反应十分复杂,不仅涉及各自成分与汞的均相反应,而且涉及飞灰颗粒、烟气成分与烟气汞的非均相反应。这里首先对烟气中的汞变化有着重要影响的烟气组分进行均相的 CHEMKIN 软件模拟,然后再进行部分烟气汞与飞灰的非均相模拟。

(1)HCl 含量的变化对汞形态分布的影响。根据实验条件,使烟气成分中的其他基本气体的含量保持不变(忽略 NO_2,主要因为 NO_2 含量相对较少),因模拟气体经过除油、除水装置,故不考虑水蒸气,以 N_2 作为平衡气体,实验温度为 423.15 K,具体的含量如表 6.11 所示[25]。

表 6.11 模拟烟气成分

名　　称	描　　述
O_2	6%
CO_2	12%
SO_2	1 000 ppm
NO	800 ppm
Hg	10.39 $\mu g/m^3$
N_2	平衡气

经 CHEMKIN 软件模拟,结果如表 6.12 所示[25]。

表 6.12 HCl 对烟气中汞形态分布的影响

HCl 含量/ppm	Hg 初浓度（摩尔分数）	Hg 平衡浓度（摩尔分数）	HgCl（摩尔分数）	$HgCl_2$（摩尔分数）	HgO（摩尔分数）
0	1.16×10^{-4}	7.20×10^{-10}	4.41×10^{-10}	8.00×10^{-4}	7.01×10^{-12}
5	1.16×10^{-4}	2.61×10^{-24}	1.31×10^{-30}	1.61×10^{-4}	1.60×10^{-24}
25	1.16×10^{-4}	5.22×10^{-25}	5.87×10^{-31}	1.16×10^{-4}	3.20×10^{-25}
50	1.16×10^{-4}	2.61×10^{-25}	4.15×10^{-31}	1.16×10^{-4}	1.60×10^{-25}

从表 6.12 可以看出，在反应温度为 423.15 K 时，烟气中重金属汞（Hg）的浓度随着 HCl 含量的增加而减小，但是当 HCl 的浓度从 25 ppm 变化到 50 ppm 时，烟气中 Hg^0 的浓度变化幅度非常小，处于同一个数量级，其余价态的汞（Hg^{1+} 和 Hg^{2+}）也是同样的情况，说明在烟气中 HCl 的浓度在 25 ppm 的状态下，烟气中汞的形态转化已经达到最佳状态，这与第 4 章的实验结果较为一致。

（2）SO_2 含量的变化对汞形态分布的影响。根据实验条件，单独研究 SO_2 对汞形态分布的影响，烟气成分中的其他基本气体的含量保持不变（忽略 NO_2），因模拟气体经除油、除水处理，故不考虑水蒸气，以 N_2 作为平衡气体，实验温度为 423.15 K，具体的含量如表 6.13 所示[25]。

表 6.13 SO_2 含量变化时的模拟烟气成分

名 称	描 述
O_2	6%
CO_2	12%
SO_2	1 000 ppm
Hg	10.39 $\mu g/m^3$
N_2	平衡气

经 CHEMKIN 软件模拟，结果如图 6.10 所示[25]。

由图 6.10 可知，烟气中单质汞的浓度随着 SO_2 含量的提高而逐渐增加，Hg^{2+} 在烟气中的浓度逐渐降低。在没有 SO_2 的情况下，Hg^0 的浓度最低，说明此时烟气汞的脱除率最高，为 38.12%，这与前面的实验结论不一致，可能是因为在实验过程中飞灰表面的一些活性物质参与了反应，而模拟计算中的均相反应不含飞灰颗粒。

（3）NO 含量的变化对汞形态分布的影响。根据实验条件，单独研究 NO 对汞形态分布的影响，烟气成分中的其他基本气体的含量保持不变（忽略 NO_2），不考虑水蒸气，以 N_2 作为平衡气体，实验温度为 423.15 K，具体的含量如表 6.14 所示[25]。

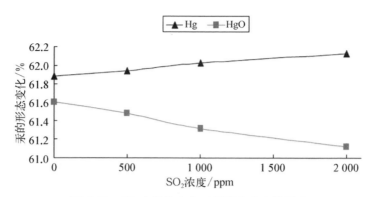

图 6.10　SO₂ 含量的变化对汞形态分布的影响

表 6.14　NO 含量变化时的模拟烟气成分

名　　　称	描　　　述
O_2	6%
CO_2	12%
NO	800 ppm
Hg	10.39 $\mu g/m^3$
N_2	平衡气

经 CHEMKIN 软件模拟,结果如图 6.11 所示[25]。

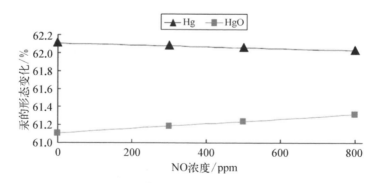

图 6.11　NO 含量的变化对汞形态分布的影响

由图 6.11 可知,Hg^{2+} 在烟气中的浓度随着 NO 浓度的增加而增大,Hg^0 的含量逐步呈现下降趋势,但是相应的变化幅度较小,这可能是由于模拟气体组分中 SO_2 存在的缘故,也有可能因为反应中没有催化物质。在实验中 NO 浓度最大值为 300 ppm,但是汞的脱除率随着 NO 的上升而增加,这与模拟结果具有一致性。

3）烟气成分、飞灰与汞非均相反应模拟

运用 CHEMKIN 软件,采用化学和相平衡计算器及完全扰动反应器建立模型,对改性前后飞灰影响汞的形态转化进行热力学平衡和化学动力学分析。为了与实验结果进行比较,对电厂 2 的改性前后的燃煤飞灰进行数值模拟,以未改性飞灰中的成分分析结果（见表 6.15）为基础,其模拟气体成分如表 6.16 所示[25]。

表 6.15　模型中未改性飞灰成分

飞灰中氧化物	SiO_2	Al_2O_3	Fe_2O_3	CaO	MgO	其他
质量分数/%	50.6	27.2	7.0	2.8	1.2	11.2

表 6.16　模型中伴随未改性飞灰的模拟烟气成分

成　分	Hg	O_2	CO_2	N_2	CaO	NO	Cl	SO_2
物质的量/mol	6.30×10^{-8}	2.185	7.875	45.56	0.025	1.6875×10^{-2}	1.125×10^{-2}	4.185×10^{-2}

考虑实验中氯元素对烟气汞的影响,在数值模拟计算过程中未加氯元素,如表 6.17 所示;以实际气体为依据,在模型中增加氯元素,研究改性飞灰对汞的形态转化的影响规律,如表 6.18 所示[25]。

表 6.17　改性飞灰对烟气汞影响模型中的成分（未加氯元素）

成　分	Hg	O_2	CO_2	N_2	CaO	NO	SO_2	$Ca(OH)_2$
物质的量/mol	6.30×10^{-8}	2.185	7.875	45.56	0.025	1.6875×10^{-2}	4.185×10^{-2}	6.3×10^{-5}

表 6.18　改性飞灰对烟气汞影响模型中的成分（增加氯元素）

成　分	Hg	O_2	CO_2	N_2	CaO	NO	Cl	SO_2	$Ca(OH)_2$
物质的量/mol	6.30×10^{-8}	2.185	7.875	45.56	0.025	1.6875×10^{-2}	1.125×10^{-3}	4.185×10^{-2}	6.3×10^{-5}

在模拟条件下,未改性飞灰通过化学热力学平衡模型进行计算,在模拟烟气中存在 NO 及 SO_2 时,烟气中发生了 HgO 的化学沉积现象,如图 6.12 所示[25]。

从图 6.12 可以看出,在 300～340 K 之间,固态 HgO 在模拟烟气中所占的比例很高,飞灰可能对烟气中的汞蒸气主要进行物理吸附,通过化学沉积的方式停留在飞灰表面。但随着烟气温度的升高,HgO(s)逐步向气态 Hg^0 和 HgO 转化,当达到实验温度150℃时,烟气中 Hg 几乎全部是以气态的形式存在,固态 HgO 在烟

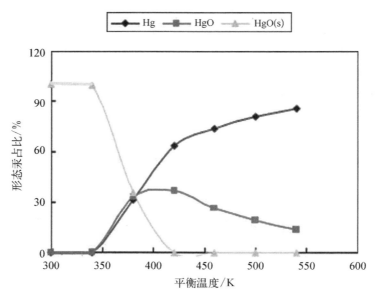

图 6.12　平衡温度下烟气中汞形态分布(未改性飞灰)

气中基本消失,模拟烟气中的汞主要以气态汞的形式存在,可以说明氧化汞是一种不稳定的气态物质。从图 6.12 中可以看出,在实验条件下,飞灰中几乎没有 HgO 的沉积,Hg⁰ 占主导地位,气态 HgO 含量较少,可以说明飞灰对汞的吸附效果较差,这一点与实验结果基本一致。

　　有研究表明[39-40],CaO(s)对烟气中汞分布的影响或是通过消耗 Cl⁻、HCl(g),抑制它们与 Hg⁰(g)之间的反应,或是将烟气中的 HgCl₂(g)还原成 Hg⁰(g)。数值模拟对烟气中去除氯元素和有氯元素的情况进行综合比较,研究改性飞灰与汞的作用机理。没有氯元素情况下的数值模拟结果如图 6.13 所示[25]。

　　从图 6.13 和图 6.14 可以看出[25],在低温状况下(300～423.15 K),初始阶段烟气中的汞几乎都以 HgO(s)存在;随着温度的升高,HgO(s)在模拟烟气中逐步减少,气态汞的含量逐步增加;当温度大于 423.15 K,烟气中几乎没有 HgO(s)。在实验温度为 150℃(即 423.15 K)时,烟气中的 SO₂ 浓度较低,改性生成物 Ca(OH)₂ 首先与 SO₂ 和 O₂ 生成固态 CaSO₄,分散在颗粒表面,使得飞灰表面的活性位减少,从而影响飞灰对汞的吸附。由数值模拟结果可以看出,改性飞灰在没有氯元素的情况下,对烟气汞的吸附效果较差,几乎与未改性飞灰的吸附效果差不多。

　　根据实验的实际工况模拟烟气成分,即在烟气中增加氯元素,通过化学热平衡数值模拟计算,进一步研究改性试剂 CaO 对飞灰脱除烟气中汞机理的影响,

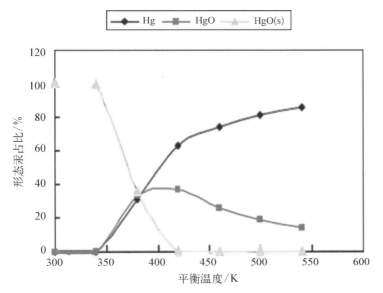

图 6. 13　平衡温度下烟气中汞形态分布(CaO 改性)

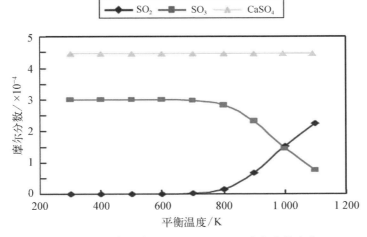

图 6. 14　平衡温度下 SO₂、SO₃、CaSO₄摩尔分数变化

如图 6.15 所示[25]。

　　从图 6.15 中可以看出,在模拟烟气条件下,烟气中的汞均以 HgCl₂ 的形式存在。理论上,在烟气中 Cl 与 Hg 的物质的量比 Cl∶Hg＝1 000∶1 和实验温度(150℃)条件下,烟气中的汞以 HgCl₂ 的形式存在,这与数值模拟计算结果是一致的。但实验中改性飞灰对烟气汞的吸附率只有 35.69%,即实验过程中测得的单质汞占总汞的比例比二价汞所占比例高。可见,经过 CaO 改性的飞灰和烟气中的氯元素没有很好地与烟气中的汞发生反应[25,41]。

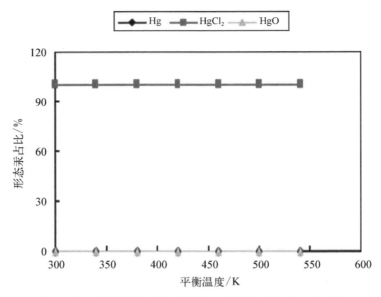

图 6.15　平衡温度下添加氯烟气中汞形态分布(CaO 改性)

6.5　本章小结

本章基于量子化学计算的方法研究了飞灰中典型的碳与 Al_2O_3 成分作用研究模型,以及 SO_3 和 H_2SO_4 对碳表面汞吸附能力的影响,研究的主要结论如下:

(1) 对于碳表面,吸收的 SO_3 可以提高靠近其周围原子的活性,但降低了次靠近碳原子的活性;硫原子激活原子活性的能力强于氧原子。SO_3 与汞原子存在着竞争吸附,汞的吸附与多个碳原子的活性有关,吸附了 SO_3 的碳表面的汞吸附能力有所降低。同时,SO_3 对前沿电子轨道带来不利的影响,不能激发活性位,并且增加了 LUMO‐HOMO 能隙,发生化学反应的难度变大,这些都是导致 SO_3 使碳表面汞吸附性能下降的原因。

(2) 无电荷的 SO_4 分子大于有电荷的 SO_4^{2-} 离子对碳表面的吸附能,说明无电荷的 SO_4 分子在碳表面上更稳定。含有无电荷 SO_4 分子的碳表面对汞的吸附能均大于纯碳表面,但是,并不是所有含有 SO_4^{2-} 离子的碳表面吸附能都大于纯碳表面,实际上大部分都小于纯碳表面。吸附在碳表面上的 SO_4 分子可能再次发生结构变化,形成 SO_2 分子结构,提高了该结构的汞吸附能力。SO_4 和 SO_4^{2-} 与汞存在着竞争吸附,SO_4^{2-} 离子多对碳表面存在抑制作用,因此,SO_4 分子对碳表面的汞吸附影响较为复杂,取决于活性炭以及化学反应环境等。当 SO_4 的含量大于 SO_4^{2-} 时,碳

表面多为 SO_4 分子,这有助于碳表面汞吸附能力的提高,有利于汞的脱除;相反,当 SO_4^{2-} 的含量较大时,碳表面汞吸附能力受到抑制,不利于汞的脱除。因此,SO_4 和 SO_4^{2-} 含量是决定 H_2SO_4 浸渍碳表面对汞脱除性能是否提高的关键。

(3) 建立了 $Hg/Al_2O_3(100)(1\times1)$ 界面模型,通过获取几何结构、能带分布、态密度及电荷密度差确定汞作用机理。结果表明,铝原子的局部能态密度没有发生变化,铝原子并不参与汞吸附的任何反应。top 吸附位上的汞原子的局部能态密度没有变化,而 hollow 吸附位上的汞原子则发生了一定的变化,表明 hollow 吸附位上的汞参与了 $Al_2O_3(100)(1\times1)$ 界面的轨道杂化。所有结果都表明,Al_2O_3 晶体中的氧原子是决定汞吸附性能的关键。

参 考 文 献

[1] LENHARD J. Disciplines, models, and computers: the path to computational quantum chemistry[J]. Studies in history and philosophy of science, 2014, 48(9): 89 - 96.

[2] DE LAZARO S R, RIBEIRO R A P, LACERDA L H D S. Quantum chemistry applied to photocatalysis with TiO_2[M]. London: IntechOpen, 2017.

[3] GUPTA V P. Principles and applications of quantum chemistry[M]. London: Academic Press, 2016: 1 - 46.

[4] ASASIAN N, KAGHAZCHI T, FARAMARZI A, et al. Enhanced mercury adsorption capacity by sulfurization of activated carbon with SO_2 in a bubbling fluidized bed reactor[J]. Journal of the Taiwan institute of chemical engineers, 2014, 45(4): 1588 - 1596.

[5] ZHUANG Y, MARTIN C, PAVLISH J, et al. Co-benefit of SO_3 reduction on mercury capture with activated carbon in coal flue gas[J]. Fuel, 2011, 90(10): 2998 - 3006.

[6] SJOSTROM S, DILLON M, DONNELLY B, et al. Influence of SO_3 on mercury removal with activated carbon: full-scale results[J]. Fuel processing technology, 2009, 90(11): 1419 - 1423.

[7] HE P, WU J, JIANG X M, et al. Effect of SO_3 on elemental mercury adsorption on a carbonaceous surface[J]. Applied surface science, 2012, 258(22): 8853 - 8860.

[8] ZHENG J M, ZHOU J S, LUO Z Y, et al. Impact of individual acid flue gas components on mercury capture by heat-treated activated carbon[J]. Journal of Zhejiang University-Science A (Applied physics & engineering), 2012, 13(9): 700 - 708.

[9] PRESTO A A, GRANITE E J. Impact of sulfur oxides on mercury capture by activated carbon[J]. Environmental science & technology, 2007, 41(18): 6579 - 6584.

[10] 何平.燃煤飞灰与烟气中汞的作用实验与机理研究[D/OL].上海:上海交通大学,2017 [2020 - 05 - 06]. https://kns.cnki.net/KCMS/detail/detail.aspx?dbcode=CDFD&dbname= CDFDLAST2019&filename=1019610369.nh&uid=WEEvREcwSlJHSldRa1FhcEFLUmVi U1FCRTAyeWdrSHU3Rit5MHpzYmtMbz0= $9A4 hF_YAuvQ5obgVAqNKPCYcEjKens W4IQMovwHtwkF4VYPoHbKxJw!!&v=MDE5NzJGeXppVzcvT1ZGMjZGN1c1SHRRMS

3BwRWJQSVI4ZVgxTHV4WVM3RGgxVDNxVHJXTTFGckNVUjdxZll1WnA＝.

[11] CHEN N, YANG R T. Ab initio molecular orbital calculation on graphite: selection of molecular system and model chemistry[J]. Carbon, 1998, 36(7-8): 1061-1070.

[12] MONTOYA A, TRUONG T-T T, MONDRAGON F, et al. CO desorption from oxygen species on carbonaceous surface: 1. effects of the local structure of the active site and the surface coverage[J]. Journal of physical chemistry A, 2001, 105(27): 6757-6764.

[13] PADAK B, WILCOX J. Understanding mercury binding on activated carbon[J]. Carbon, 2009, 47(12): 2855-2864.

[14] KRISHNAKUMAR B, NIKSA S. Predicting the impact of SO_3 on mercury removal by carbon sorbents[J]. Proceedings of the combustion institute, 2011, 33 (2): 2779-2785.

[15] CAMACHO R-L, MONTIEL E, JAYANTHI N, et al. DFT studies of α-diimines adsorption over Fe_n surface ($n=1$, 4, 9 and 14) as a model for metal surface coating[J]. Chemical physics letters, 2010, 485(1-3): 142-151.

[16] UDDIN M A, YAMADA T, OCHIAI R, et al. Role of SO_2 for elemental mercury removal from coal combustion flue gas by activated carbon[J]. Energy & fuels, 2008, 22(4): 2284-2289.

[17] PRESTO A A, GRANITE E J, KARASH A. Further investigation of the impact of sulfur oxides on mercury capture by activated carbon[J]. Industrial & engineering chemistry research, 2007, 46(24): 8273-8276.

[18] OLSON E S, MILLER S J, SHARMA R K, et al. Catalytic effects of carbon sorbents for mercury capture[J]. Journal of hazardous materials, 2000, 74(1-2): 61-79.

[19] MORRIS E A, KIRK D W, JIA C Q. Roles of sulfuric acid in elemental mercury removal by activated carbon and sulfur-impregnated activated carbon[J]. Environmental science & technology, 2012, 46(14): 7905-7912.

[20] LIU J, CHENEY M A, WU F, et al. Effects of chemical functional groups on elemental mercury adsorption on carbonaceous surfaces[J]. Journal of hazardous materials, 2011, 186(1): 108-113.

[21] GUO P, GUO X, ZHENG C G. Roles of $\gamma-Fe_2O_3$ in fly ash for mercury removal: results of density functional theory study[J]. Applied surface science, 2010, 256(23): 6991-6996.

[22] 王立刚,陈昌和.飞灰残炭对零价汞蒸气的吸附特征[J].北京科技大学学报,2004,26(4): 353-356.

[23] 彭苏萍,王立刚.燃煤飞灰对锅炉烟道气汞的吸附研究[J].煤炭科学技术,2002,30(9): 33-35.

[24] 陈明明.模拟烟气中汞吸附形态与脱附特性研究[D/OL].南京:东南大学,2017[2020-05-06]. https://cc0eb1c56d2d940cf2d0186445b0c858. vpn. njtech. edu. cn/KCMS/detail/detail. aspx?dbcode＝CMFD&dbname＝CMFD201801&filename＝1017171253. nh&v＝MDcyMDk5UEpySkViUElSOGVVMx1eFlTN0RoMVQzcVRyV00xRnJJDVVI3cWZZdVpwRkNuZ1U3cktWRjI2R2JJLL0g＝.

[25] 潘雷.燃煤飞灰与烟气汞作用机理的研究[D/OL].上海:上海电力学院,2011[2020-05-06]. https://cc0eb1c56d2d940cf2d0186445b0c858. vpn. njtech. edu. cn/KCMS/detail/detail. aspx?

dbcode＝CMFD&.dbname＝CMFD2012&.filename＝1011305213.nh&.v＝MDM0NzBacEZD
bm1VTC9OVkYyNkg3QzRHOVBOOckpFYlBJUjhlWDFMdXhZUzdEaDFUM3FUcldNMU
ZyQ1VSN3FmWXU＝.

[26] 王欢.HBT 滤料负载飞灰－CaO 吸附剂脱除燃煤烟气中 Hg^0 的试验研究[D/OL].上海：东华
大学,2012[2020－05－06].https：//cc0eb1c56d2d940cf2d0186445b0c858.vpn.njtech.edu.cn/
KCMS/detail/detail.aspx?dbcode＝CMFD&.dbname＝CMFD2012&.filename＝1012312231.
nh&.v ＝ MTI4MjNVUjdxZll1WnBGQ25nVUwzS1ZGMjZITEM1SE5QUHJwRWJQSVI4Z
VgxTHV4WVM3RGgxVDNxVHJXTE＝.

[27] ZHOU Q，DUAN Y F，ZHU C，et al. Adsorption equilibrium，kinetics and mechanism
studies of mercury on coal-fired fly ash[J]. Korean journal of chemical engineering，2015，
32(7)：1405－1413.

[28] HOWER J C，MAROTO－VALER M M，TAULBEE D N，et al. Mercury capture by
distinct fly ash carbon forms[J]. Energy &. fuels，2000，14(1)：224－226.

[29] 佟莉.改性活性炭脱除燃煤烟气中单质汞的研究[D/OL].北京：中国科学院大学,2015
[2020－05－06]. https：//cc0eb1c56d2d940cf2d0186445b0c858.vpn.njtech.edu.cn/KCMS/
detail/detail.aspx? dbcode ＝ CDFD&.dbname ＝ CDFDLAST2017&.filename ＝ 1016054149.
nh&.v＝MDAyMTRxVHJXTTFckNVUjdxZll1WnBGQ25nVjc3TVZGMjZHTE85R3RES
XBwRWJQSVI4ZVgxTHV4WVM3RGgxVDM＝.

[30] SAKULPITAKPHON T，HOWER J C，TRIMBLE A S，et al. Arsenic and mercury
partitioning in fly ash at a Kentucky power plant[J]. Energy &. fuels，2003，17(4)：1028－
1033.

[31] KOSTOVA I J，HOWER J C，MASTALERZ M，et al. Mercury capture by selected
Bulgarian fly ashes：influence of coal rank and fly ash carbon pore structure on capture
efficiency[J]. Applied geochemistry，2011，26(1)：18－27.

[32] ABAD－VALLE P，LOPEZ－ANTON M A，DIAZ－SOMOANO M，et al. The role of
unburned carbon concentrates from fly ashes in the oxidation and retention of mercury[J].
Chemical engineering journal，2011，174(1)：86－92.

[33] MAROTO－VALER M M，ZHANG Y Z，GRANITE E J，et al. Effect of porous structure
and surface functionality on the mercury capacity of a fly ash carbon and its activated sample
[J]. Fuel，2005，84(1)：105－108.

[34] 杨应举.燃煤烟气中汞多相氧化反应动力学与吸附机理研究[D/OL].武汉：华中科技大学,
2018[2020－05－06].https：//cc0eb1c56d2d940cf2d0186445b0c858.vpn.njtech.edu.cn/KCMS/
detail/detail.aspx? dbcode ＝ CDFD&.dbname ＝ CDFDLAST2019&.filename ＝ 1018210294.
nh&.v＝MDMzNDBGckNVUjdxZll1WnBGQ25nVjd2TlZGMjZGckc1SHRQRnE1RWJQSVI
4ZVgxTHV4WVM3RGgxVDNxVHJXTTE＝.

[35] NISHITANI T，FUKUNAGA I，ITOH H，et al. The relationship between HCl and
mercury speciation in flue gas from municipal solid waste incinerators[J]. Chemosphere，
1999，39(1)：1－9.

[36] DUNHAM G E，DEWALL R A，SENIOR C L. Fixed-bed studies of the interactions
between mercury and coal combustion fly ash[J]. Fuel processing technology，2003，

82(2)：197－213.

[37] XU M H，QIAO Y，LIU J，et al. Kinetic calculation and modeling of trace element reactions during combustion[J]. Powder technology，2008，180(1－2)：157－163.

[38] SLIGER R N，KRAMLICH J C，MARINOV N M. Towards the development of a chemical kinetic model for the homogeneous oxidation of mercury by chlorine species[J]. Fuel processing technology，2000，65－66：423－438.

[39] 乔瑜,徐明厚,冯荣,等.Hg/O/H/Cl 系统中汞的氧化动力学研究[J].中国电机工程学报，2002,22(12)：139－142,152.

[40] 刘迎晖,徐杰英,郑楚光,等.燃煤烟气中汞的形态分布及热力学模型预报[J].华中科技大学学报,2001,29(8)：90－92.

[41] NORTON G A，YANG H Q，BROWN R C，et al. Heterogeneous oxidation of mercury in simulated post combustion conditions[J]. Fuel，2003，82(2)：107－116.

第7章 飞灰脱除烟气汞的技术应用

本章着重阐述飞灰脱除烟气汞的技术应用,主要包括三个方面:模拟飞灰制备及其对汞的吸附、改性飞灰吸附气相汞以及磁性化学在脱汞中的应用。在模拟飞灰制备的过程中,一方面通过制备含 Mn、Fe、Ce 和 Cu 元素的材料,研究各元素与汞催化氧化之间的关系;另一方面,采用高纯度的 SiO_2、Al_2O_3、CaO、MgO、$\alpha\text{-}Fe_2O_3$ 和 $\gamma\text{-}Fe_2O_3$ 在模拟烟气条件下进行固定床吸附实验,探索飞灰脱除汞的机理。之后,通过两种不同的方法制备 HCl 改性飞灰、$FeCl_3$ 改性飞灰和 $Fe(NO_3)_3$ 改性飞灰,并对其进行理化特性表征和光催化性能实验,阐明改性飞灰的物理和化学吸附能力提高的机理,提出解决低吸附效率所导致的低脱汞效率问题的方法。最后,引入磁场研究磁性/非磁性飞灰光催化脱汞特性,为在更广阔应用场景下采用飞灰作为烟气汞脱除控制的技术路径提供案例借鉴、基础数据和理论支撑。

7.1 模拟飞灰制备及其汞吸附

7.1.1 无机矿物质组分及未燃尽炭对烟气汞形态的影响

在模拟烟气气氛中研究模拟飞灰成分(如 Al_2O_3、SiO_2、Fe_2O_3、CuO、CaO)对汞的作用,发现不同金属氧化物对 Hg^0 的催化氧化有不同程度的影响,如 CuO 和 Fe_2O_3 会促进 Hg^0 的吸附,而实际电厂飞灰对 Hg^0 氧化的影响更为复杂[1]。用扫描电子显微镜(SEM)分析飞灰表面,发现飞灰表面的汞富集区域与该处对应的碳含量有直接关系[2]。利用飞灰吸附脱除汞可减少 80% 的活性炭使用量,然而飞灰中碳含量过高(大于 1%)虽然有利于汞的吸附,但会限制飞灰作为混凝土添加剂的商业应用,这一点不利于飞灰再注入技术的发展。

第 5 章讨论到,飞灰主要包含未燃尽炭和无机矿物质,其组成成分复杂且具有不确定性,容易受到煤样、煤粉颗粒、燃烧环境等多种因素影响。研究表明,未燃尽炭在成分上多表现为无序状态,且包含多种碳的不同结构形式,其含量对汞脱除性能没有明显的影响,也表现为无序状态;飞灰无机成分多为矿物元素,硅铝酸盐占比最大,其对汞脱除的效果也不明显;飞灰中一些微量元素(如 Fe、Cu、Mn、Ce 等)则表现出较为优异的脱汞性能[3-4]。因此可以看出,飞灰成分影响着其对汞的脱除性能。

本节结合前文对飞灰成分的分析,针对飞灰成分对汞的吸附性能进行研究,一方面通过制备由 Mn、Fe、Ce 和 Cu 元素构成的材料研究各元素与汞催化氧化之间的关系;另一方面,由于飞灰中的其他成分(如 SiO_2、Al_2O_3、CaO、MgO 及 Fe_2O_3 等一些主要的无机矿物质成分)难以通过常规的物理手段分离,故采用高纯度的 SiO_2、Al_2O_3、CaO、MgO、α-Fe_2O_3 和 γ-Fe_2O_3 在模拟烟气条件下进行固定床实验,以研究这些组分对烟气汞形态分布的影响[5]。

浮选脱碳是提高飞灰利用率的常用方法之一,该方法常用于含碳量较高的飞灰,提取的精炭可以回炉燃烧,减少能源浪费,余下的飞灰尾矿因含碳量较低,可用于生产水泥从而达到变废为宝的目的。利用 6 个电厂的飞灰作为样品,考虑到这 6 个样品含碳量均不高,很难通过物理筛分的方法分离出未燃尽炭,因此采取浮选脱碳的方法对样品中未燃尽炭进行研究。实验采用 1.5 L 的 RK/FDⅢ变频、温控型浮选机,转速为 1 500 r/min。

尽管浮选脱碳是燃煤飞灰脱碳的常用方法,但由于飞灰中各种物质的表面极性、电负性不同,在实际浮选过程中并不能完全分离未燃尽炭和飞灰中的其他成分,所以浮选药剂以及实验条件在很大程度上会影响最终的浮选结果。因此,从 0♯柴油和煤油两者中选取效果较好者作为捕收剂,从松醇油和仲辛醇两者中选择效果较好者作为起泡剂。通过比较初步实验结果,最终选择 0♯柴油作为捕收剂,仲辛醇作为起泡剂。为保证浮选效果,进行多次实验,选用搅拌时间为 1 min,浮选时间为 10 min,并最终确定浮选的实验流程以及药剂用量,浮选实验流程如图 7.1 所示[6]。

通过图 7.1 所示流程将同一个电厂的飞灰按不同试剂配比进行实验,分别将浮选得到的未燃尽炭过滤、去除杂质和烘干,最后通过烧失量决定进行浮选实验的最佳试剂配比。由实验结果得知 0♯柴油和仲辛醇的最佳配比为 4∶4,采用此配比进行后续未燃尽炭的浮选实验。

如第 5 章所述,通过对不同温度下未燃尽炭的汞吸附实验结果与原灰样进行对比可以发现,飞灰中未燃尽炭对汞吸附的影响复杂,飞灰中的未燃尽炭含量并不是影响飞灰汞吸附效率的决定性因素,因此并不是所有飞灰都适合提取未燃尽炭作为汞吸附剂材料,即未燃尽炭对汞的吸附具有选择性[7]。

除此之外,前述实验结果还表明:飞灰中的未燃尽炭并不是决定飞灰汞脱除率的关键因素,飞灰中的无机成分同样影响飞灰对汞的脱除率。前述 6 种不同飞

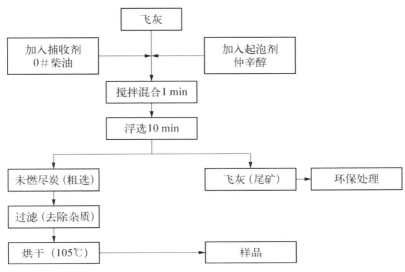

图 7.1　飞灰浮选未燃尽炭实验流程

灰对汞的吸附效率并不相同,这与飞灰的成分有很大关系:FA2 飞灰的烧失量仅为 3.9%,小于 FA1、FA3、FA4 和 FA6 飞灰的烧失量,但其对汞的吸附效率在 6 种飞灰中最高,这是由于 FA2 中的未燃尽炭包含活性基团或某些特殊的无机成分。从无机成分分析结果可知,FA2 飞灰中 Fe 和 Mn 元素的含量较高,这是导致 FA2 飞灰对汞的脱除率较高的原因之一。基于飞灰中 Fe 和 Mn 元素可能对汞的脱除产生影响的假设,以及 CeO_2 和 CuO 等有助于汞脱除的前期实验结果,本节研究和探求 Fe 和 Mn 与 Ce 和 Cu 掺杂的新型吸附剂的开发[8-10]。

　　本节采用常用的负载型催化剂的制备方法——浸渍法来制备 Mn-Ce-Fe 三元催化剂材料,探究其脱汞性能。实验所用化学试剂及实验过程如 4.3.2 节所述。利用 XRD 对所制备样品进行表征,得到样品的晶体结构如图 7.2 所示[6],主要成分参考 ICDD 数据库中的 XRD 数据。结果显示:Mn:Ce:Fe(物质的量比,下同)为 5:4:0 的样品的主要晶体结构包含 CeO_2 和 Mn_2O_3;Mn:Ce:Fe 为 5:4:1 的样品的主要晶体结构包含了 CeO_2、Mn_2O_3、Fe_2O_3 和 $(Mn_{0.98}Fe_{0.017})_2O_3$;Mn:Ce:Fe 为 5:4:2 的样品的主要晶体结构包含了 CeO_2、Mn_2O_3、Fe_2O_3、Mn_3N_2、MnO_2 和 $Ce(OH)_3$;Mn:Ce:Fe 为 5:4:3 的样品的主要晶体结构包含了 CeO_2、Mn_2O_3、Fe_2O_3、Mn_3N_2、MnO_2 和 $Ce(OH)_3$。

　　为获得上述所制样品与汞之间的作用规律,采用 4.2 节中所述的汞吸附性能实验方法,测量吸附前后汞的浓度,计算汞脱除率并进行分析。实验结果发现,随着 Fe 的含量变化,汞的脱除效果不同,Fe 与汞之间表现出复杂的关系。合适的 Fe 和 Mn 的含量可以大幅度提高汞脱除率,而 Fe 含量过高会降低汞脱除率,表明飞

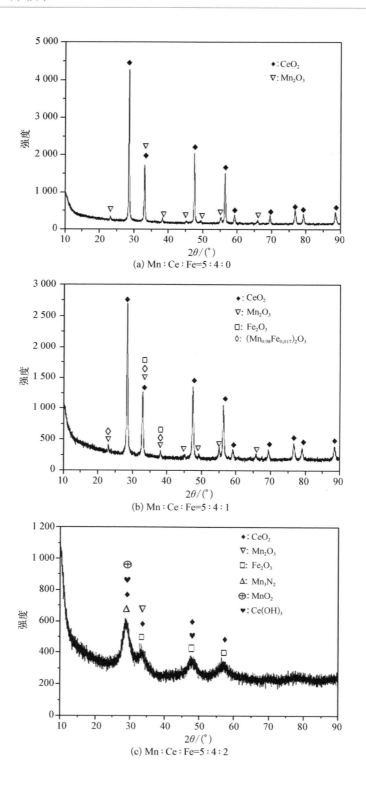

(a) Mn : Ce : Fe=5 : 4 : 0

(b) Mn : Ce : Fe=5 : 4 : 1

(c) Mn : Ce : Fe=5 : 4 : 2

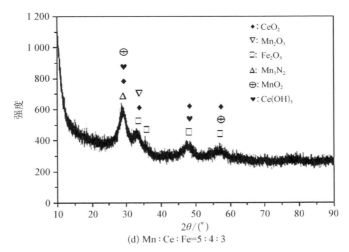

(d) Mn : Ce : Fe = 5 : 4 : 3

图 7.2　Mn‑Ce‑Fe 样品的 XRD 图谱

灰脱除汞机理的复杂性。

为了研究 Mn‑Cu‑Fe 金属氧化物对汞脱除的影响,首先通过实验制备获得样品,采用两种常用的负载型催化剂的制备方法——浸渍法和共沉淀法[11],分别制备出 Mn‑Cu‑Fe 金属氧化物。实验所使用试剂分别为 $Fe(NO_3)_3 \cdot 9H_2O$、$CuSO_4 \cdot 5H_2O$、$C_4H_6MnO_4 \cdot 4H_2O$、氨水和硝酸。选用 $CuSO_4 \cdot 5H_2O$ 和 $Mn(CH_3COO)_2 \cdot 4H_2O$ 作为前驱体,根据不同的配比分别称量出五份相应质量的 $CuSO_4 \cdot 5H_2O$ 和 $Mn(CH_3COO)_2 \cdot 4H_2O$ 试剂,放入烧杯中,加 50 mL 去离子水溶解,在溶液中根据配比加入相应质量的 $Fe(NO_3)_3 \cdot 9H_2O$ 晶体(这里取物质的量比为 0、1、2、3、4 五种不同的比例),使用磁力搅拌器搅拌 40 min 后静置 12 h,然后将烧杯放入烘箱中,在 110℃ 的条件下烘干 12 h,取出,研磨,再在 450℃ 的条件下煅烧 4 h 后冷却至室温,装入密封袋中备用。

实验首先固定 Cu、Mn 的物质的量比 8 : 1,变化 Fe 的含量制备出催化剂。浸渍法制备过程如下:确定 Cu 和 Mn 的含量,选用五水硫酸铜($CuSO_4 \cdot 5H_2O$)和四水乙酸锰[$Mn(CH_3COO)_2 \cdot 4H_2O$],使其物质的量比定为 8 : 1。

共沉淀法制备催化剂的实验过程为:将 $CuSO_4 \cdot 5H_2O$、$Mn(CH_3COO)_2 \cdot 4H_2O$ 和 $Fe(NO_3)_3 \cdot 9H_2O$ 试剂按照相应的配比放入烧杯中,加入 50 mL 去离子水,充分溶解后用磁力搅拌器搅拌,同时向溶液中缓慢地滴加氨水和硝酸,使溶液中产生沉淀。沉淀过程中每隔 5 min 测量一次溶液的 pH 值,使 pH 值稳定在 6 或 7 左右。由于溶液中含有铜离子和硫酸根离子,如果滴加过量氨水形成碱性环境,会发生络合反应,生成溶于水的铜氨络离子,反应式[12]如下:

$$Cu(OH)_2 + 4NH_3 \cdot H_2O = [Cu(NH_3)_4]^{2+} + 2OH^- + 4H_2O \qquad (7.1)$$

因此,溶液保持中性是最好的沉淀条件。

待反应完全后,使用吸滤器过滤含有沉淀的溶液,并用去离子水对滤饼进行多次洗涤,随后将滤饼放入烘箱,在110℃温度条件下干燥12 h,将干燥后的样品研磨成粉末放入马弗炉中,在450℃温度下煅烧4 h,冷却至室温后将样品装入密封袋中备用。

利用 XRD 对所制备样品进行表征,主要成分参考 ICDD 数据库中的 XRD 数据。结果显示:Cu∶Mn∶Fe 为 8∶1∶0 的样品的主要晶体结构包含 CuO 和 $Cu_{0.451}Mn_{0.549}O_2$;Cu∶Mn∶Fe 为 8∶1∶1 的样品的主要晶体结构包含 CuO、Fe_3O_4、$CuMn_2O_4$ 和 $(Cu_{0.18}Fe_{0.82})Cu_{0.02}Fe_{1.18}O_4$;Cu∶Mn∶Fe 为 8∶1∶2 的样品的主要晶体结构包含 CuO、Fe_3O_4 和 $CuMn_2O_4$;Cu∶Mn∶Fe 为 8∶1∶3 的样品的主要晶体结构包含 CuO、$CuFe_2O_4$、$Cu_{1.2}Mn_{1.8}O_4$ 和 $MnFe_2O_4$;Cu∶Mn∶Fe 为 8∶1∶4 的样品的主要晶体结构包含 CuO、$CuFe_2O_4$、$MnFe_2O_4$ 和 Fe_3O_4。

对所制备的 Mn-Cu-Fe 混合的五种样品进行汞脱除实验,探究其与汞的作用规律,考虑到温度的影响因素,进一步选择共沉淀制备的样品为研究对象,在 120℃、150℃和180℃温度下进行汞吸附实验。实验采用之前所述的汞吸附性能实验方法,测量吸附前后汞的浓度,计算汞脱除率,结果如图 7.3 所示[6]。从图 7.3 中可以看出,浸渍法和共沉淀法制备的样品其汞脱除率的趋势完全相同。当 Fe 含量较低时,随着 Fe 含量的增加,Mn-Cu-Fe 金属氧化物的汞脱除率逐渐减小,当 Cu∶Mn∶Fe=8∶1∶3 时,样品的汞脱除率升高,最高达到 27.25%(浸渍法)和 32.03%(共沉淀法);继续增加 Fe 的含量,样品的汞脱除率则出现了下降。因此可以看出,相对于 Fe 含量而言,Mn-Cu-Fe 金属氧化物的汞脱除率存在峰值,合适的 Fe 含量对提高 Mn-Cu-Fe 金属氧化物的汞脱除率具有重要作用;同时,与 Mn-Ce-Fe 金属氧化物的汞脱除率相比,Mn-Cu-Fe 金属氧化物的汞脱除率普遍较低,尽管研究表明 Mn 和 Fe 元素有助于汞的吸附,但是两种元素的杂化原子对其汞的脱除具有较大影响。相对飞灰而言,复杂的元素构成可能导致 Mn 和 Fe 在汞脱除性能方面表现出较大的离散性,使得飞灰吸附汞的效率的规律变得复杂多变。与飞灰的未燃尽炭不同,随着温度的升高,Mn-Cu-Fe 金属氧化物的汞脱除率逐步增加,表现出很好的线性关系,这可能是因为 Mn-Cu-Fe 金属氧化物的成分较为单一,材料结构较为稳定,温度变化并不会导致材料成分发生变化,温度对化学反应的影响较为显著;而飞灰中的未燃尽炭结构性能复杂,温度的增加可能导致未燃尽炭成分发生一定的变化,由于每种飞灰中的未燃尽炭成分都不相同,最终导致其汞吸附性能的差异。同样可以看出,120℃温度下汞脱除率最

高是配比为 8∶1∶3 的样品,其汞脱除率提高最多,分别达到 39.13％(150℃)和
44.36％(180℃)。而其他配比的样品,汞脱除率虽然都有不同程度的提高,但其提
高的幅度都小于配比为 8∶1∶3 的样品,因此,最优配比的 Mn－Cu－Fe 金属氧化
物不仅可以表现出较高的汞脱除率,而且也表现出较好的温度效应,即温度越高,
汞脱除率越高。

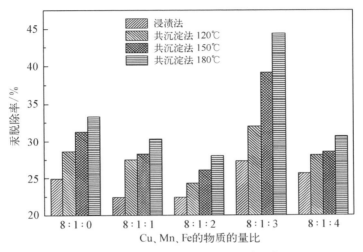

图 7.3　Mn－Cu－Fe 样品的汞脱除率

在进行 SiO_2、Al_2O_3、CaO、MgO、α－Fe_2O_3 和 γ－Fe_2O_3 模拟实验时,采用高纯
度化学试剂 SiO_2、Al_2O_3、CaO、MgO、α－Fe_2O_3 和 γ－Fe_2O_3 在模拟烟气条件下进
行固定床实验,实验温度设置为 120℃。

SiO_2、Al_2O_3、CaO、MgO 在模拟烟气下的实验结果较为相似,其吸附和氧化汞
的能力均比较微弱,实验测得的汞浓度值几乎没有变化,这与前人的研究结果相吻
合[13-14],但不能认为这些成分没有参加反应,如 CaO 等可能与模拟烟气中的酸性
气体如 SO_2、HCl 等发生反应,从而对飞灰吸附、氧化汞的能力造成影响[15]。

7.1.2　氧化铁晶型对烟气汞形态的影响

为了进一步区分氧化铁的晶型对烟气汞形态的影响,分别对 α－Fe_2O_3 和 γ－
Fe_2O_3 进行固定床实验,实验是在模拟烟气条件下进行的,实验温度设置为 120℃,
其结果如图 7.4 和图 7.5 所示[16]。

图 7.4 和图 7.5 分别为 α－Fe_2O_3 和 γ－Fe_2O_3 的实验结果。可以明显看到,
γ－Fe_2O_3 对烟气汞的形态影响远远超过 α－Fe_2O_3。从图 7.4 中可以看到氧化态
汞的比例最高达到 70％左右,经过 2 h 反应后,其氧化比例仍达到 45％以上。如

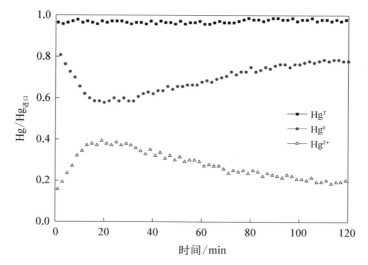

图 7.4 α‑Fe₂O₃模拟烟气条件下的实验结果

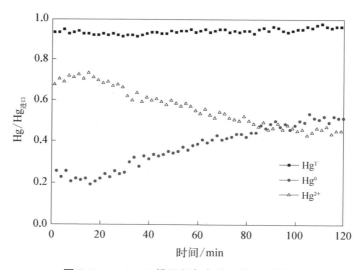

图 7.5 γ‑Fe₂O₃模拟烟气条件下的实验结果

图 7.5 所示,反应刚开始时,α‑Fe_2O_3对烟气汞的氧化能力并不强,随着反应时间的推移,其氧化能力逐渐增强,氧化态汞的比例从 20% 左右逐渐上升到 40%,而后又逐渐减弱。为了进一步研究飞灰磁珠氧化能力的差别,分别对两种氧化铁进行 X 射线衍射分析。

从 α‑Fe_2O_3的 XRD 图谱可知,其峰值出现在 2θ 为 30°、36°、44°、54°、57°、63°、和 74°等处;从 γ‑Fe_2O_3的 XRD 图谱可知,其峰值出现在 2θ 为 24°、33°、36°、40°、50°、54°、62°、64°、72°等处。观察其 2θ 为 36°时的峰值强度,发现 α‑Fe_2O_3要比 γ‑

Fe_2O_3 高出许多。对比 A、B、C 三个电厂的磁珠 XRD 图谱，发现 A、B 两个电厂磁珠在 2θ 为 36°处的峰值强度较高，而 C 电厂磁珠的峰值强度较低，由此可见，A 电厂和 B 电厂磁珠中氧化铁的主要形式是 $\alpha-Fe_2O_3$，C 电厂磁珠中 $\gamma-Fe_2O_3$ 的含量最高，而两种氧化铁中，$\gamma-Fe_2O_3$ 对烟气汞形态有着更大的氧化能力，这与之前的磁珠固定床实验结果一致。

7.2　改性飞灰光催化脱汞

近年来，飞灰作为光催化剂在污水处理及燃煤烟气污染物催化处理方面受到人们的重视。蔡昌凤等[17]以太阳光、紫外(UV)灯、高压汞灯为激发光源，以甲基橙为试验废水，研究了燃煤飞灰的光催化特性，发现以太阳光的光催化活性最大，飞灰玻璃微珠表面的 Fe_2O_3 可吸收太阳光中的可见光，具有光活性；Yu[18]发现，飞灰中的含铁氧化物尤其是 Fe_2O_3 的存在，能够增加飞灰的光催化脱除 NO 的活性。目前，关于飞灰光催化脱除烟气汞应用的研究较少。

飞灰是燃煤热电厂燃烧过程中排放的废弃物，Al_2O_3、SiO_2、CaO、Fe_2O_3 等占总量的 90% 左右，同时含有少量的其他组分，其颗粒物基本上由低铁玻璃珠、高铁玻璃珠、多孔玻璃珠及碳粒组成。前面的研究也表明，飞灰的光催化脱汞特性与飞灰自身的含铁矿物质有关。本节采用 HCl 浸渍、$FeCl_3$ 改性等手段改变飞灰自身含铁矿物质的含量，来探索改性后飞灰的光催化脱汞特性，通过实验评价找出光催化活性较好的改性飞灰类型，进而研究其对汞的脱除特性。

7.2.1　改性飞灰样品的制备

改性飞灰样品制备过程所使用的药品及仪器型号如表 7.1 和表 7.2 所示[19]，制备过程包括 HCl 改性飞灰样品制备、$FeCl_3$ 改性飞灰样品制备、$Fe(NO_3)_3$ 改性飞灰样品制备。

表 7.1　实 验 仪 器

实验仪器名称	技术参数或型号
电热恒温鼓风干燥箱	DHG‑9076A
玻璃棒、量筒、烧杯	6 mm×300 mm、50 mL、500 mL
恒温磁力搅拌器	H01‑3
超声波振荡器	SCQ‑600F
移液枪	1 000~5 000 μL
电子天平	FA/JA

表 7.2　实　验　试　剂

试剂名称	分子式	等　级	相对分子质量	含量不小于/%
硝酸	HNO_3	化学纯	340.35	98.0
浓盐酸	HCl	化学纯	36.45	36.5
无水乙醇	CH_3CH_2OH	分析纯	46.07	99.7
氯化铁	$FeCl_3$	分析纯	60.05	99.0
去离子水	H_2O	自制	18	—
硝酸铁	$Fe(NO_3)_3$	分析纯	241.88	99.5
氧化铁	Fe_2O_3	分析纯	159.7	99.5
四氧化三铁	Fe_3O_4	分析纯	231.55	99.5
德固赛 P25 （纳米二氧化钛）	TiO_2	锐钛矿∶金红石 80∶20	79.87	99.5

　　HCl 改性飞灰样品的制备过程:① 配制 10%(体积分数)的硝酸清洗液。边搅拌边小心地将 100 mL 浓硝酸加入 800 mL 水中,加水稀释至 1 000 mL。② 配制 1 mol/L 盐酸溶液 400 mL。③ 准确称量 100 g 飞灰样品,然后将飞灰加入配好的盐酸溶液中,并用玻璃棒搅拌。④ 将样品在 70℃ 水浴条件下浸渍 2 h 后,将飞灰样品在抽真空过滤器中进行过滤,用去离子水反复清洗直至溶液 pH 值稳定在 7 附近。⑤ 将样品放置到烘箱中,在 120℃ 环境下烘干 24 h,得 HCl 改性飞灰样品。其中飞灰样品采自上海某 325 MW 燃煤发电机组空气预热器出口,现场取样并进行防水密封。

　　FeCl₃ 改性飞灰样品的制备过程:① 分别将称取好的质量为 3 g、6 g、9 g、12 g 的 FeCl₃ 固体颗粒小心倒入 4 个 500 mL 的烧杯中,先加入少量的去离子水并不断搅拌,将样品溶解,然后加入 400 mL 的去离子水搅拌,使得溶液混合均匀。② 待 FeCl₃ 完全溶解后,对应于 3 g、6 g、9 g、12 g 的氯化铁溶液分别加入 297 g、294 g、291 g、288 g 原飞灰,搅拌。将样品放置在设定温度为 70℃ 的水浴槽中,静置加热 2 h,每隔 10 min 用玻璃棒搅拌一次,以防止出现因为溶液分层而导致的 FeCl₃ 浸渍飞灰不均匀的现象。③ 2 h 后取出样品,将样品放入 120℃ 的烘箱内烘干。烘干后的样品部分形成小细块,用研钵将小细块磨碎后放入密封袋待用。

　　Fe(NO₃)₃ 改性飞灰样品的制备过程与 FeCl₃ 改性飞灰样品的制备过程相似。

7.2.2　改性飞灰样品的形貌特征

　　经过盐酸溶液浸渍后的飞灰,表面特性及金属氧化物的含量会发生明显变化,借助扫描电子显微镜(SEM)观察飞灰表面形貌特征,如图 7.6 所示[19]。

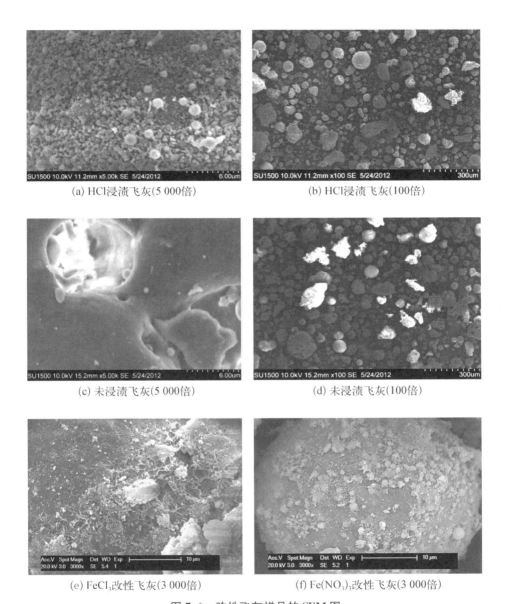

(a) HCl浸渍飞灰(5 000倍)　　　　　　(b) HCl浸渍飞灰(100倍)

(c) 未浸渍飞灰(5 000倍)　　　　　　(d) 未浸渍飞灰(100倍)

(e) FeCl₃改性飞灰(3 000倍)　　　　　(f) Fe(NO₃)₃改性飞灰(3 000倍)

图 7.6　改性飞灰样品的 SEM 图

由图 7.6 可以看出,HCl 浸渍后的飞灰整体颗粒变小且以小球状颗粒为主;原灰表面的孔隙结构在经过溶液浸渍后遭到破坏,表面因受酸液侵蚀而变得粗糙。经过 $FeCl_3$ 和 $Fe(NO_3)_3$ 改性后的飞灰表现出不同的颗粒表面结构特性,$FeCl_3$ 在飞灰颗粒表面分布相对均匀而且松散,$Fe(NO_3)_3$ 在飞灰表面分布则出现凝结结块现象,相对不均匀。

7.2.3　改性飞灰样品对烟气汞的光催化脱除特性

首先研究改性飞灰对烟气汞的光催化脱除特性：为了研究改性飞灰的光催化脱汞特性，将经盐酸溶液浸渍后的飞灰放入多相流反应装置中进行实验。实验条件如下：反应温度设定在 150℃，恒温槽的温度为 55℃，汞渗透管的载气流量为 0.3 L/min，模拟烟气的流量为 5 L/min，飞灰加料量为 50 g/h，进行飞灰光催化脱除烟气汞的评价实验，实验结果如图 7.7 所示[19]。

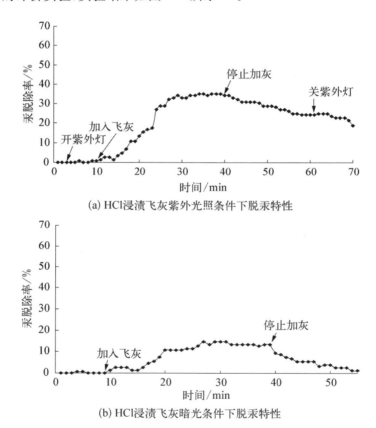

(a) HCl浸渍飞灰紫外光照条件下脱汞特性

(b) HCl浸渍飞灰暗光条件下脱汞特性

图 7.7　HCl 浸渍飞灰光催化脱汞特性

HCl 浸渍飞灰在紫外光照下的脱汞特性实验中，整个加灰的过程是在紫外光连续照射的条件下进行的；暗光条件下脱汞特性实验是在无紫外光照下飞灰对汞的吸附实验。如图 7.7 所示，在暗光条件下，1 mol/L HCl 改性后飞灰的汞脱除率为 13.4%，相对于改性前飞灰的汞脱除率有所下降；在紫外光照条件下，飞灰的加入使得汞脱除率有了明显的提高，最高达到 35%，而 1 mol/L HCl 改性前的飞灰光催化汞脱除率为 22.4%，这就是说，1 mol/L HCl 改性后的飞灰相对改性前的飞灰具有较高的光催化脱汞活性,改性后较改性前光催化汞脱除率提高了 12.6 个百分点。相对于无光照条件下,1 mol/L HCl 改性后的飞灰脱汞活性有了明显的提升,提高了 21.6 个百分点。从停止加灰时曲线下降的变化特性可以看出,暗光条件下,1 mol/L HCl 改性后飞灰对汞依然具有吸附作用,原因可能是停止加灰后多相流反应壁管上黏附有飞灰,黏附的飞灰与模拟烟气中的气态汞接触发生吸附反应,飞灰对汞的吸附催化作用在紫外光照下显得更加明显,这也是紫外光照下,停止加灰后在短时间内汞的浓度值不能回到原始值的原因。

为了比较 HCl 溶液浸渍后的飞灰光催化脱汞特性与 FeCl₃ 负载改性后的飞灰光催化脱汞活性的区别,采用 FeCl₃ 溶液直接浸渍飞灰的方法,通过不同质量分数的 FeCl₃ 溶液浸渍飞灰以增加飞灰表面 FeCl₃ 的含量(FeCl₃ 的质量分数分别为 1%、2%、3% 和 4%),然后将改性后的样品置入多相流反应装置中进行光催化脱汞实验。不同质量分数的 FeCl₃ 溶液浸渍改性后的飞灰喷射期间及停止喷射后烟气汞的浓度变化历程如图 7.8 所示。

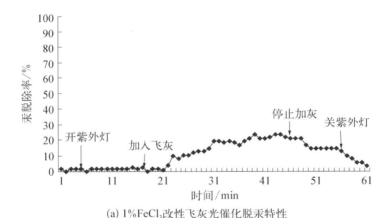

(a) 1%FeCl₃改性飞灰光催化脱汞特性

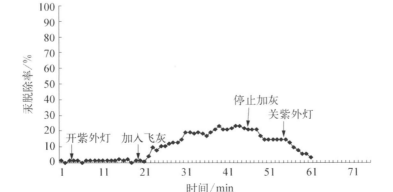

(b) 2%FeCl₃改性飞灰光催化脱汞特性

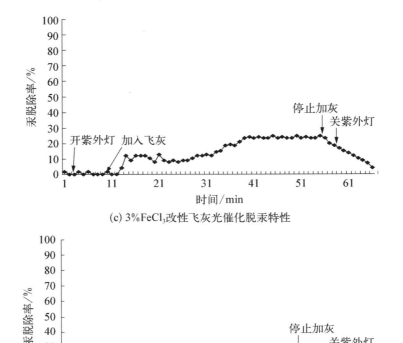

(c) 3%FeCl₃改性飞灰光催化脱汞特性

(d) 4%FeCl₃改性飞灰光催化脱汞特性

图 7.8　不同质量分数 FeCl₃ 改性飞灰紫外光照下脱汞特性变化历程

从图 7.8 可以看出，不同质量分数的 FeCl₃ 改性后的飞灰喷射期间及停止喷射后对模拟烟气汞的影响有所不同。在停止加灰及关掉紫外光源之后，汞浓度恢复到原始值的时间及特性也不同，这可能与不同质量分数的 FeCl₃ 改性后的飞灰物理化学特性有关，因为改性后的飞灰对实验管壁的黏附特性也是影响后期汞浓度值变化的一个重要原因。不同质量分数的 FeCl₃ 改性飞灰光照下脱汞效率比较、不同质量分数的 FeCl₃ 改性飞灰吸附脱汞及光催化脱汞特性的比较分别如图 7.9、图 7.10 所示[21]，可以看出，经过 FeCl₃ 溶液浸渍改性后的飞灰，光催化脱汞效率有所不同，对应于不同质量分数的 FeCl₃ 改性后的飞灰样品对模拟烟气汞的光催化脱除率不同，随着 FeCl₃ 质量分数的增加，其对烟气汞的脱除率先上升后下降，FeCl₃ 质量分数为 2% 时最高达 30.4%。而在暗光条件下，经过以上操作的改性后的飞灰，对应于质量分数分别为 1%、2%、3%、4% 的 FeCl₃ 改性后的飞灰样品的汞脱除率分别为 18.4%、8.1%、5.6%、4.2%。

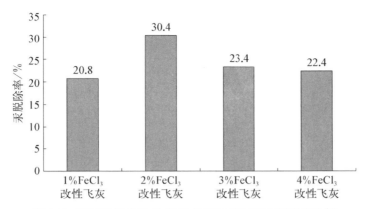

图 7.9 不同质量分数 FeCl₃ 改性飞灰光照下脱汞效率比较

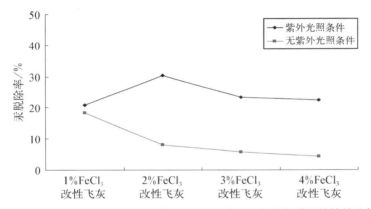

图 7.10 不同质量分数 FeCl₃ 改性飞灰吸附脱汞及光催化脱汞特性的比较

随着 $FeCl_3$ 溶液浓度的增加,改性后的飞灰对汞的吸附能力有下降的趋势,这主要是因为 $FeCl_3$ 溶液在改性飞灰过程中改变了飞灰的表面结构,使得飞灰表面的孔隙率和比表面积下降,同时,改性也对飞灰表面可以吸附脱除汞的化学活性位造成一定程度的破坏,降低了飞灰对汞的吸附脱除作用。而改性后的飞灰在紫外光照条件下对模拟烟气汞的光催化脱除特性与吸附脱除特性有着明显的不同,随着 $FeCl_3$ 在飞灰中质量分数的增加,其光催化汞脱除率表现出先上升后下降的变化趋势,并没有因为样品对汞的吸附率下降而下降,但总体有下降的趋势。改性所采用的 $FeCl_3$ 对飞灰的光催化脱汞活性具有一定的促进作用,随着飞灰表面 $FeCl_3$ 质量分数的增加,飞灰表面原有的结构改变量增加,$FeCl_3$ 对飞灰的光催化脱汞活性的促进作用变弱,在实验浓度范围内,质量分数为 2% 的 $FeCl_3$ 改性后的飞灰样品在紫外光照下,对烟气汞的脱除率相对于暗光条件下的汞脱除率提高 22.3 个百分点。这也就是说,经 $FeCl_3$ 改性后的飞灰具有一定的光催化脱汞活性,紫外光的存在可以促进改性后飞灰的光催化脱汞性能,但改性后飞灰表面的结构特性以及 $FeCl_3$ 的量是影响飞灰光催化活性的主要原因,飞灰表面的 $FeCl_3$ 的质量分数并不是越大越好,而是存在一个最佳值。

接下来研究 $Fe(NO_3)_3$ 改性飞灰对烟气汞的光催化脱除特性。金属元素铁本身作为一种过渡元素,其激发波长小于等于 563 nm,本身具有较窄的禁带宽度[$E=2.2$ eV,比 TiO_2 的激发禁带宽度($E=3.2$ eV)窄很多]。为了研究对比 $FeCl_3$ 改性后的飞灰中铁元素所带来的影响,采用同质量分数的 $Fe(NO_3)_3$ 对飞灰进行改性,其改性方法与 $FeCl_3$ 改性飞灰的方法相同。通过不同质量分数的 $Fe(NO_3)_3$ 溶液浸渍飞灰以增加飞灰表面 Fe^{3+} 的含量[$Fe(NO_3)_3$ 的质量分数分别为 1%、2%、3%、4%],然后将改性后的样品置于多相流反应装置中进行光催化脱汞实验。不同质量分数 $Fe(NO_3)_3$ 改性后的飞灰对烟气汞的脱除率比较如图 7.11 所示[19]。

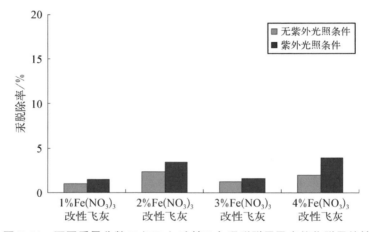

图 7.11　不同质量分数 $Fe(NO_3)_3$ 改性飞灰吸附脱汞及光催化脱汞特性

由图 7.11 可以看出,经过 $Fe(NO_3)_3$ 溶液浸渍改性后的飞灰,汞光催化脱除率与吸附脱除率相比,几乎没有变化,而 $Fe(NO_3)_3$ 溶液浸渍改性后的飞灰对模拟烟气汞的吸附能力急剧下降。质量分数分别为 1%、2%、3% 和 4% 的 $Fe(NO_3)_3$ 改性后的飞灰样品,对模拟烟气汞的光催化脱除率分别为 1.5%、3.1%、1.51% 和 3.2%。而在暗光条件下,经过以上操作改性后的飞灰,质量分数分别为 1%、2%、3% 和 4% 的 $Fe(NO_3)_3$ 改性后的飞灰样品,对汞的吸附脱除率分别为 1.2%、2.3%、1.3% 和 2.1%。可见 $Fe(NO_3)_3$ 溶液浸渍改性后的飞灰几乎失去了对烟气汞的脱除能力,与 $FeCl_3$ 改性后的飞灰脱汞特性相比,$Fe(NO_3)_3$ 改性已经失去了实际应用意义。原因可能是在 $Fe(NO_3)_3$ 改性飞灰过程中,飞灰表面出现凝结结块现象,使得飞灰表面原先发达的孔隙结构以及可能存在的吸附活性位遭到破坏,从前面的 SEM 图谱分析中可以初步证实这一推论。

通过前述 HCl 浸渍飞灰和 $Fe(NO_3)_3$、$FeCl_3$ 改性飞灰的脱汞实验,可见改性后的

飞灰表面 $FeCl_3$ 的存在,在紫外光照的条件下能够促进改性飞灰对烟气汞的光催化脱除率;Fe^{3+} 在本节研究中几乎没有表现出光催化脱汞活性,而 $FeCl_3$ 则是促进改性飞灰光催化活性的重要原因。经过 1 mol/LHCl 溶液浸渍后的飞灰光催化脱汞活性有了明显的提高,原因如下:一方面通过 HCl 溶液浸泡后,飞灰表面丰富的孔隙结构及玻璃体晶相结构被破坏,使得飞灰里面的含铁矿物质及分散在飞灰表面的含铁氧化物及铁盐类矿石颗粒转变为 $FeCl_3$ 等铁盐。$FeCl_3$ 等铁盐的存在增加了飞灰的吸附活性位,在增加物理吸附的过程中,也存在强烈的化学吸附过程,还伴随着如下反应:

$$2FeCl_3 + Hg \longrightarrow HgCl_2 + 2FeCl_2 \tag{7.2}$$

另一方面由于采用了 HCl 溶液浸泡飞灰,飞灰颗粒里面的 Al_2O_3、Fe_2O_3、CaO 等相继转化为氯化物,相当于对飞灰进行了渗氯操作,增加了飞灰本身的含氯量,氯元素与汞存在如下反应:

$$Hg^0 + Cl \Longrightarrow HgCl \tag{7.3}$$

$$HgCl + Cl \Longrightarrow HgCl_2 \tag{7.4}$$

该反应在室温下即可发生,在 $25\sim140℃$ 温度范围内,该气态反应所需的吉布斯(Gibbs)自由能很低。Hg^0 与飞灰表面的氯原子结合而形成了 $HgCl(g)$,有一部分形成了 $HgCl_2$。不同铁盐及盐酸改性后的飞灰表面丰富的孔隙结构及孔容积遭到破坏,使得改性后的飞灰对气态汞的吸附能力降低,紫外光的照射可增加飞灰吸附活性位吸附气态汞的活性,同时也促进了改性飞灰中的未燃尽炭表面可能存在的微弱的 C—Cl 键[20]或 Cl—C—Cl 键中 Cl 原子的释放,使得改性后的飞灰的物理和化学吸附能力有所提高,弥补了因为吸附效率低所带来的脱汞效率低的缺陷,促使了反应的进行。这是改性后的飞灰在暗光条件下具有较低的汞吸附率而在紫外光照下具有较高的汞脱除率的重要原因。

7.3 磁化学在飞灰脱汞中的应用

飞灰是一种成分非常复杂的混合物,不但具有复杂的物理结构,而且具有复杂多样的化学组成,几乎含有自然界所发现的所有元素,加上飞灰的形成过程受锅炉运行参数等因素的影响,使得飞灰的成分多变不一。迄今为止,飞灰对烟气汞的吸附脱除机制尚不明确。王鹏等[21]通过实验研究发现,燃煤烟气中汞的形态分布与烟气中的飞灰具有密切关系,直接受到飞灰特性及化学成分的影响,其中飞灰中有机成分(如未燃尽炭)是飞灰吸附烟气汞的主要影响因素。郑楚光等[22]的研究也发现,相对于飞灰中的有机成分,无机化学组成与其脱汞能力并没有明显的相关性,而其中最有可能存在相关性的成分是 Fe_2O_3 和 CaO。Yu[18] 通过实验研究认为,飞灰表面铁的氧化物尤其是 Fe_2O_3,在紫外光照下,能够促进负载在飞灰表面上的 TiO_2 光催化氧化 NO,研究表明 Fe_2O_3 具有促进飞灰光催化的能力。但是 Fe_2O_3 的存在是否能够增加飞灰光催化脱汞的能力,这方面的研究报告目前很少。本节对飞灰中 Fe_2O_3 的存在是否能够增加飞灰光催化脱汞的能力进行实验研究。

7.3.1 磁性/非磁性飞灰光催化脱汞特性

飞灰的形成过程多样,成分复杂,晶相多为石英、莫来石、磁铁矿和赤铁矿,其中 SiO_2、Al_2O_3、Fe_2O_3 为主要成分。Fe 元素主要出现在富铁玻璃珠中,多以铁的氧化物形式存在,比较常见的为 Fe_2O_3 和 Fe_3O_4,其中含有 Fe_3O_4 较多的飞灰具有磁性,通过磁选操作能够将其从灰样中筛选出来,我们称之为磁性飞灰;不能被磁选棒所吸附的飞灰称之为非磁性飞灰[23-25]。实验前首先对灰样进行反复磁选,磁选方法如下:首先取 100 g 原灰灰样置入自封袋中,然后将强磁选棒放入自封袋中,手动转动磁选棒,可以观察到有大量的飞灰被强磁选棒吸附并贴附在磁选棒的表面;由于飞灰自身的吸附作用,首次吸附的飞灰里面可能含有大量非磁性飞灰,磁选的时候,将磁选棒垂直置于自封袋中,并上下提拉隔离层,由于重力作用,磁性较弱和非磁性飞灰将脱离磁选棒,停留在磁选棒上的飞灰为磁性飞灰,将其收集起来;由于磁选过程的上下提拉及飞灰与磁选棒的接触面积有限,初次磁选出来的非磁性飞灰里面可能含有大量的磁性飞灰,需要进行再次磁选,以便能够将磁性飞灰和非磁性飞灰彻底分离,分离方法如上所述,反复磁选 4～5 次,直至磁选棒上有极少量的飞灰黏附为止。灰样准备好之后将其置于多相流反应装置中进行实验,研究其光催化脱汞性能。

实验条件如下:反应温度设定在 150℃,汞渗透管的载气流量为 0.3 L/min,模拟烟气的流量为 5 L/min,飞灰加料量为 50 g/h,飞灰样品喷射前后模拟烟气中汞的浓度变化历程如图 7.12 和图 7.13 所示[19]。由图 7.12 和图 7.13 可以看出磁性飞灰和非磁性飞灰对汞均有一定的吸附脱除能力,但在紫外光照条件下,磁性飞灰和非磁性飞灰对烟气汞的脱除则表现出不同的特性[26-27]。在暗光条件下,磁性飞灰和非磁性飞灰对烟气汞的吸附脱除率分别为 30.1% 和 22.3%;在紫外光照条件下,磁性飞灰和非磁性飞灰对烟气汞的脱除率分别为 28.3% 和 30.4%。由图 7.14 可以看出,相对于非磁性飞灰而言,磁性飞灰更有利于对烟气汞的吸附,但是磁性飞灰在紫外光照条件下,并没有表现出较好的光催化活性,其对烟气汞的光催化脱除率与吸附脱除率并没有明显的区别。在飞行状态下,非磁性飞灰对烟气汞的吸附能力弱于磁性飞灰,但是在紫外光照下,其光催化活性高于磁性飞灰,相对于暗光条件下光催化汞脱除率提高幅度达到 36.3%,即紫外光照的存在使得非磁性飞灰的光催化脱汞能力提高至 36.3%。

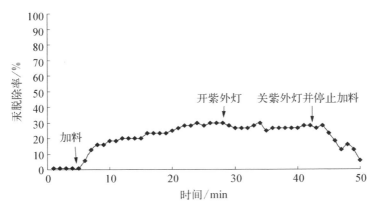

图 7.12　磁性飞灰光催化脱汞特性

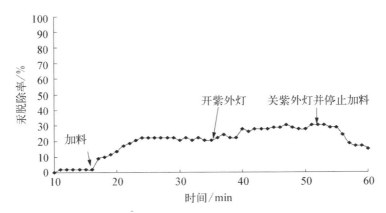

图 7.13　非磁性飞灰光催化脱汞特性

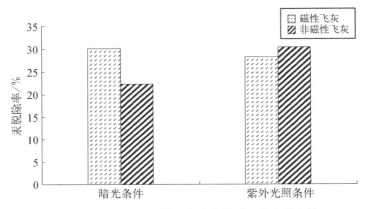

图 7.14　磁性和非磁性飞灰光催化脱汞效率的比较

7.3.2 飞灰掺混 Fe₂O₃ 后光催化脱汞特性

通过前面的实验结果初步分析可以发现,非磁性飞灰在紫外线的照射下具有较好的光催化脱汞活性,而磁性飞灰并没有表现出很好的光催化脱汞活性。为了研究非磁性飞灰和磁性飞灰中含铁氧化物的不同对光催化活性带来的影响,进一步进行铁的氧化物添加验证性实验,探讨 Fe_2O_3 和 Fe_3O_4 本身的光催化脱汞特性。首先制备掺混 Fe_2O_3 的飞灰样品。

样品制备方法及步骤:① 分别取一定量的 Fe_2O_3 固体粉末放入研钵中进行研磨,然后取出备用;② 分别准确称取质量为 3 g、6 g、9 g、12 g 的 Fe_2O_3 固体粉末,加入质量分别为 297 g、294 g、291 g、288 g 的原灰中,用玻璃棒反复搅拌混合至均匀。

灰样准备好后将其置于多相流反应装置中进行实验,研究其光催化脱汞性能。实验条件如下:反应温度设定在 150℃,汞渗透管的载气流量为 0.3 L/min,模拟烟气的流量为 5 L/min,飞灰加料量为 50 g/h,飞灰样品喷射前后模拟烟气中汞的浓度变化历程如图 7.15 所示[19]。

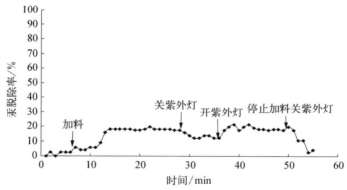

(a) 1%(质量分数)Fe₂O₃—飞灰光催化脱汞特性

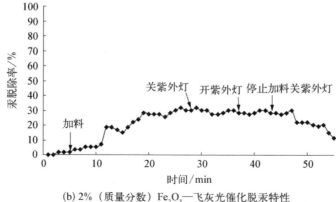

(b) 2%(质量分数)Fe₂O₃—飞灰光催化脱汞特性

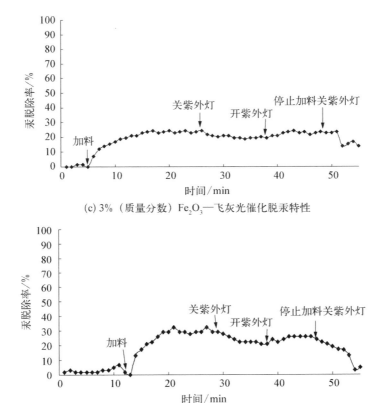

(c) 3%（质量分数）Fe₂O₃—飞灰光催化脱汞特性

(d) 4%（质量分数）Fe₂O₃—飞灰光催化脱汞特性

图 7.15 不同质量分数的 Fe₂O₃ 改性飞灰光催化脱汞特性变化历程

通过以上改性操作，飞灰总体及表面上的 Fe_2O_3 的量分别有不同程度的增加。从图 7.15 中汞脱除率变化历程可以看出，不同质量分数的 Fe_2O_3 改性飞灰在紫外光照条件下，喷射期间及停止喷射后均会对烟气中的汞产生不同程度的影响。在停止注入飞灰及关掉光源之后，汞的脱除率恢复到原始值的时间及恢复后的特性也不同，其中质量分数为 2% 的 Fe_2O_3 飞灰变化较为明显。

经过 Fe_2O_3 掺混改性后的飞灰，光催化汞脱除率有所不同，质量分数分别为 1%、2%、3% 和 4% 的 Fe_2O_3 改性后的飞灰样品对模拟烟气汞的光催化汞脱除率分别为 18.2%、31.4%、23.5% 和 29.2%。随着 Fe_2O_3 质量分数的增加，飞灰的光催化汞脱除率并没有成比例地增加，而是表现出明显的先上升后下降的规律。其中 Fe_2O_3 为 2% 时光催化汞脱除率较高，此时飞灰具有较高的光催化活性。原因解释如下：Fe_2O_3 本身在紫外光照下并不具有光催化汞脱除的特性，而是需要与飞灰中某些矿物质相互结合才表现出一定的光催化特性；用 Fe_2O_3 掺混飞灰使得飞灰中 Fe_2O_3 总量有所增加，同时也增加了飞灰表面 Fe_2O_3 的量，使得飞灰表面暴露在紫

外光照下 Fe_2O_3 的量增加,光子打在飞灰表面某些具有光催化活性的结合点的概率增加,使得光催化汞脱除率也随之增加[28];但是随着飞灰表面 Fe_2O_3 含量继续增加,Fe_2O_3 会逐步覆盖飞灰表面的光催化活性位,由于 Fe_2O_3 自身没有光催化脱汞活性进而导致改性飞灰光催化汞脱除率下降[18],这就是随着 Fe_2O_3 质量分数的增加,光催化汞脱除率先上升后下降的原因[29]。

7.3.3 飞灰掺混 Fe_3O_4 后光催化脱汞特性

为了研究 Fe_3O_4 改性后的飞灰光催化脱汞特性与 Fe_2O_3 改性后的飞灰光催化脱汞特性的区别,本节进行了对比实验,研究铁的氧化物在飞灰光催化过程中所起的作用[30-31]。首先制备 Fe_3O_4 掺混飞灰样品,样品制备过程如飞灰掺混 Fe_2O_3 过程所述。待样品制备完成后,进行光催化脱汞实验,实验条件与飞灰掺混 Fe_2O_3 后光催化脱汞的实验条件相同。不同质量分数的 Fe_3O_4 掺混飞灰在紫外光照下,脱除烟气汞的效果及变化历程如图 7.16 所示[19]。

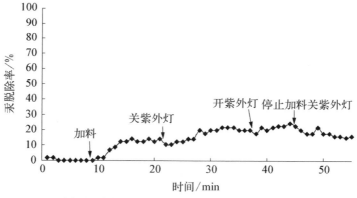

(a) 1%（质量分数）Fe_3O_4—飞灰光催化脱汞特性

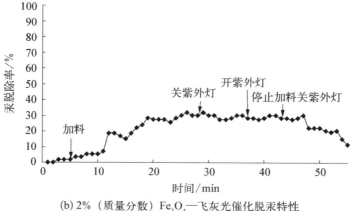

(b) 2%（质量分数）Fe_3O_4—飞灰光催化脱汞特性

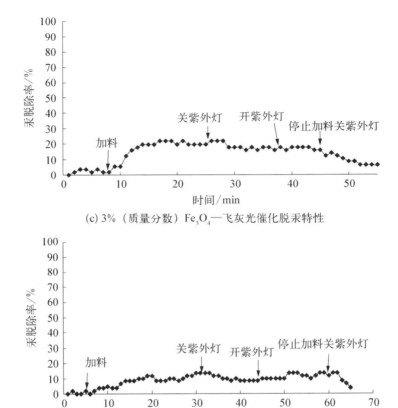

(c) 3%（质量分数）Fe₃O₄—飞灰光催化脱汞特性

(d) 4%（质量分数）Fe₃O₄—飞灰光催化脱汞特性

图 7.16　不同质量分数的 Fe_3O_4 改性飞灰光催化脱汞特性变化历程

在飞灰中掺混 Fe_3O_4 能够提高总 Fe_3O_4 的含量,同时也增加了飞灰表面的磁性铁含量。由图 7.16 可以看出,经过不同质量分数的 Fe_3O_4 掺混后的飞灰光催化汞脱除率有所不同,但是相对于该样品在暗光条件下的吸附汞脱除率,紫外光照的影响甚微,几乎没有对飞灰汞脱除率造成明显影响。不同质量分数的 Fe_3O_4 掺混后的飞灰样品对模拟烟气中汞的光催化汞脱除率表现为先上升后下降的趋势,质量分数为 2% 时最高达到 30.4%,质量分数为 4% 时只有 13.6%。随着 Fe_3O_4 质量分数的增加,飞灰的光催化汞脱除率并没有一直增加,而是先上升后下降。其中 Fe_3O_4 的比例为 2% 时具有最高的光催化汞脱除率,紫外光照对汞脱除效果并无影响。原因是 Fe_3O_4 在紫外光照下并不具有光催化汞脱除的特性,而是需要与飞灰中某些矿物质相互结合才表现出一定的汞脱除特性;用 Fe_3O_4 掺混飞灰使得飞灰中的 Fe_3O_4 总量有所增加,同时也增加了飞灰表面的 Fe_3O_4 的量,增加了飞灰表面具有吸附汞能力的活性位,提高了光催化汞脱除率,但是随着飞灰表面 Fe_3O_4 的量进一步增加,逐步覆盖到飞灰表面的吸附活性位时,就会导致改性飞灰的光催化汞脱除率下降。从图 7.17 中的对比可以发现,相同质量分数的 Fe_3O_4 掺混飞灰与 Fe_2O_3 掺混飞灰的光催化汞脱除率相比,Fe_2O_3 改性飞灰的光催化活性高于 Fe_3O_4 改性飞灰的光催化活性,Fe_3O_4 改性飞灰的脱汞特性主要表现在吸附脱汞。结合前面的磁性飞灰与非磁性飞灰的光催化脱汞实验,可推测飞灰表面含铁物质中可促进飞灰光催化活性的是 Fe_2O_3[32]。

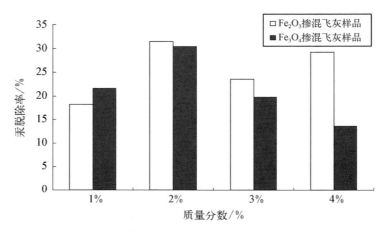

图 7.17 不同质量分数的 Fe_3O_4、Fe_2O_3 掺混飞灰光催化脱汞效率比较

7.4 本章小结

本章对模拟飞灰的制备及其汞吸附、改性飞灰光催化脱汞以及磁化学在脱汞中的应用进行了实验研究,主要结论如下:

(1) 在飞灰吸附汞的过程中,飞灰中的未燃尽炭含量并不是决定飞灰汞吸附效率大小的关键因素,飞灰的汞吸附能力取决于未燃尽炭和飞灰中无机物成分的协同作用。

(2) 飞灰中 Fe 和 Mn 的含量非常重要,合适的 Fe 和 Mn 的含量可以大幅度提高汞的脱除率,不断提高 Fe 含量并不总能提高汞脱除率。

(3) Mn-Cu-Fe 金属氧化物的汞脱除率存在最大值,合适的 Fe 含量对提高 Mn-Cu-Fe 金属氧化物的脱汞效率有重要作用。

(4) 经 $FeCl_3$ 改性后的飞灰具有一定的光催化活性,改性飞灰表面的结构特性以及 $FeCl_3$ 的量是影响飞灰光催化活性的主要原因。

(5) 不同铁盐及盐酸改性后的飞灰表面丰富的孔隙结构及孔容积遭到破坏,使得改性后的飞灰对气态汞的吸附能力降低,紫外光的照射可增加飞灰吸附活性位吸附气态汞的活性,同时也促进改性飞灰中的未燃尽炭表面可能存在的微弱的 C—Cl 或 Cl—C—Cl 键中 Cl 原子的释放,使得改性后的飞灰的化学吸附能力有所提高,弥补了因为吸附效率低所带来的脱汞效率低的缺陷,提高了飞灰对汞的总体吸附脱除性能。

（6）相对于非磁性飞灰而言,磁性飞灰更有利于对烟气汞的吸附,但是磁性飞灰在紫外光照条件下,并没有表现出较好的光催化活性,其对烟气汞的光催化脱除率与吸附脱除率并没有明显的区别。

（7）Fe_2O_3 在紫外光照下本身并不具有光催化脱汞的特性,而是需要与飞灰中某些矿物质相互结合才表现出一定的光催化特性。

（8）Fe_2O_3 改性飞灰的光催化活性高于 Fe_3O_4 改性飞灰的光催化活性,Fe_3O_4 改性飞灰的脱汞特性主要表现在吸附脱汞,因而相同质量分数的 Fe_2O_3 掺混飞灰比 Fe_3O_4 掺混飞灰的光催化脱汞效率更高。

参 考 文 献

［1］CHEN X H. Impacts of fly ash composition and flue gas components on mercury speciation ［D/OL］. Pittsburgh：University of Pittsburgh,2007［2020 - 05 - 06］. https://cc0eb1c56d2d 940cf2d0186445b0c858. vpn. njtech. edu. cn/KCMS/detail/detail. aspx? dbcode = SJPD& dbname = SJPD_04&filename = SJPD130311006610210&uid = WEEvREcwSlJHSldRa1Fhc EFLUmViU1FCRTBGNVNUSWRGOVRBUm1oVmlVaz0 = $9A4hF_YAuvQ5obgVAq NKPCYcEjKensW4IQMovwHtwkF4VYPoHbKxJw!!&v = MzIyOTBqTElWNFZieFE9Tm lmYmFySzdIdExOOcm85Rll1b1BEbjA1b0dWbTYwMEpTSDdrcXhveWWZNT1ZOTHJ3WmV adEZpbmhVcg==.

［2］HASSETT D J, EYLANDS K E. Mercury capture on coal combustion fly ash［J］. Fuel, 1999,78(2)：243 - 248.

［3］XING L L, XU Y L, ZHONG Q. Mn and Fe modified fly ash as a superior catalyst for elemental mercury capture under air conditions［J］. Energy & fuels, 2012,26(8)：4903 - 4909.

［4］YANG J P, ZHAO Y C, ZHANG S B, et al. Mercury removal from flue gas by magnetospheres present in fly ash：role of iron species and modification by HF［J］. Fuel processing technology,2017,167(7)：263 - 270.

［5］黄华伟,罗津晶.飞灰各组分对汞形态转化的影响［J］.中国电机工程学报,2010,30（增刊）：70 - 75.

［6］何平.燃煤飞灰与烟气中汞的作用实验与机理研究［D/OL］.上海：上海交通大学,2017 ［2020 - 05 - 06］.https://kns.cnki.net/KCMS/detail/detail.aspx?dbcode = CDFD&dbname = CDFDLAST2019&filename = 1019610369. nh&uid = WEEvREcwSlJHSldRa1FhcEFLUm ViU1FCRTAyeWdrSHU3Rit5MHpzYmtMbz0 = $9A4hF_YAuvQ5obgVAqNKPCYcEjK

ensW4IQMovwHtwkF4VYPoHbKxJw!!&v＝MDE5NzJGeXpuVzcvT1ZGMjZGN1c1SHR
MS3BwRWJQSVI4ZVgxTHV4WVM3RGgxVDNxVHJXTTFGckNVUjdxZll1WnA＝.

［7］ABAD‐VALLE P，LOPEZ‐ANTON M A，DIAZ‐SOMOANO M，et al. The role of
unburned carbon concentrates from fly ashes in the oxidation and retention of mercury［J］.
Chemical engineering journal，2011，174(1)：86‐92.

［8］LI H L，WU C‐Y，LI Y，et al. CeO$_2$‐TiO$_2$ catalysts for catalytic oxidation of elemental
mercury in low-rank coal combustion flue gas［J］. Environmental science & technology，
2011，45(17)：7394‐7400.

［9］XU W Q，WANG H R，ZHOU X，et al. CuO/TiO$_2$ catalysts for gas-phase Hg^0 catalytic
oxidation［J］. Chemical engineering journal，2014，243(14)：380‐385.

［10］ZHOU Q，LEI Y，LIU Y B，et al. Gaseous elemental mercury removal by magnetic Fe‐
Mn‐Ce sorbent in simulated flue gas［J］. Energy & fuels，2018，32(12)：12780‐12786.

［11］LI H H，WANG Y，WANG S K，et al. Removal of elemental mercury in flue gas at lower
temperatures over Mn‐Ce based materials prepared by co-precipitation［J］. Fuel，2017，
208(6)：576‐586.

［12］嵇雷高.铜氨溶液配制的全方位探究［J］.化学教与学，2015，9(3)：66‐68.

［13］BHARDWAJ R，CHEN X H，VIDIC R D. Impact of fly ash composition on mercury
speciation in simulated flue gas［J］. Journal of the air & waste management association，
2009，59(11)：1331‐1338.

［14］LIU T，MAN C Y，GUO X，et al. Experimental study on the mechanism of mercury
removal with Fe$_2$O$_3$ in the presence of halogens：role of HCl and HBr［J］. Fuel，2016，
173(9)：209‐216.

［15］GHORISHI S B，LEE C W，JOZEWICZ W S，et al. Effects of fly ash transition metal
content and flue gas HCl/SO$_2$ ratio on mercury speciation in waste combustion［J］.
Environmental engineering science，2005，22(2)：221‐231.

［16］张锦红.燃煤飞灰特性及其对烟气汞脱除作用的实验研究［D/OL］.上海：上海电力学院，
2013［2020‐05‐06］. https：//cc0eb1c56d2d940cf2d0186445b0c858. vpn. njtech. edu. cn/KCMS/
detail/detail. aspx？dbcode＝CMFD&dbname＝CMFD201401&filename＝1014015883. nh&
uid＝WEEvREcwSlJHSldRa1FhcEFLUmViU1FCRTBGNVNUSWRGOVRBUm1oVmlVa
z0＝$9A4hF_YAuvQ5obgVAqNKPCYcEjKensW4IQMovwHtwkF4VYPoHbKxJw!!&v＝
MzIzOTVrVkx6QVZGMjZHck81RzluRXJKRWJQSVI4ZVgxTHV4WVM3RGgxVDNxVH
JXTTFGckNVUjdxZll1WnBGQ24＝.

［17］蔡昌凤，徐建平，唐国文，等.煤矿电厂粉煤灰光催化特性的研究［J］.煤炭学报，2006，31(2)：
227‐231.

［18］YU Y‐T. Preparation of nanocrystalline TiO$_2$-coated coal fly ash and effect of iron oxides
in coal fly ash on photocatalytic activity［J］. Powder technology，2004，146(1‐2)：154‐
159.

［19］方继辉.燃煤飞灰光催化脱除烟气 Hg 和 NO 的机理研究［D/OL］.上海：上海电力学院，
2013［2020‐05‐06］. https：//cc0eb1c56d2d940cf2d0186445b0c858. vpn. njtech. edu. cn/KCMS/
detail/detail. aspx？dbcode＝CMFD&dbname＝CMFD201401&filename＝1014015878. nh&

v= MTAwNDV4WVM3RGgxVDNxVHJXTTFGckNVUjdxZll1WnBGQ25uVjdySVZGMjZ
Hck81RzluTHA1RWJQSVI4ZVgxTHU=.

[20] XU Y, ZENG X B, LUO G Q, et al. Chlorine-Char composite synthesized by co-pyrolysis of biomass wastes and polyvinyl chloride for elemental mercury removal[J]. Fuel, 2016, 183(12): 73 - 79.

[21] 王鹏,吴江,任建兴,等.飞灰未燃尽炭对吸附烟气汞影响的试验研究[J].动力工程学报, 2012,32(4): 332 - 337.

[22] 郑楚光,张军营,赵永椿,等.煤燃烧汞的排放与控制[M].北京:科学出版社,2010.

[23] BLISSETT R S, SMALLEY N, ROWSON N A. An investigation into six coal fly ashes from the United Kingdom and Poland to evaluate rare earth element content[J]. Fuel, 2014, 119(9): 236 - 239.

[24] VU D-H, BUI H-B, KALANTAR B, et al. Composition and morphology characteristics of magnetic fractions of coal fly ash wastes processed in high-temperature exposure in thermal power plants[J]. Applied sciences, 2019, 9(9): 1964.

[25] XU X M, ZONG S Y, CHEN W M, et al. Heterogeneously catalyzed binary oxidants system with magnetic fly ash for the degradation of bisphenol A[J]. Chemical engineering journal, 2019, 360(11): 1363 - 1370.

[26] TROBAJO J R, ANTUNA - NIETO C, RODRIGUEZ E, et al. Carbon-based sorbents impregnated with iron oxides for removing mercury in energy generation processes[J]. Energy, 2018, 159(9): 648 - 655.

[27] GALBREATH K C, ZYGARLICKE C J, TIBBETTS J E, et al. Effects of NO_x, α - Fe_2O_3, γ - Fe_2O_3, and HCl on mercury transformations in a 7 - kW coal combustion system[J]. Fuel processing technology, 2004, 86(4): 429 - 448.

[28] DUNHAM G E, DEWALL R A, SENIOR C L. Fixed-bed studies of the interactions between mercury and coal combustion fly ash[J]. Fuel processing technology, 2003, 82(2 - 3): 197 - 213.

[29] TAN Z Q, SU S, QIU J R, et al. Preparation and characterization of Fe_2O_3 - SiO_2 composite and its effect on elemental mercury removal[J]. Chemical engineering journal, 2012, 195 - 196: 218 - 225.

[30] 王钧伟,陈培,刘瑞卿,等.粉煤灰负载 Fe_2O_3 脱除气态单质汞的试验研究[J].环境科学学报,2014,34(12): 3152 - 3157.

[31] ABAD - VALLE P, LOPEZ - ANTON M A, DIAZ - SOMOANO M, et al. Influence of iron species present in fly ashes on mercury retention and oxidation[J]. Fuel, 2011, 90(8): 2808 - 2811.

[32] CAO Y X, FANG J H, WU J, et al. Experimental study on influence of fly ash on mercury removal in flue gas with UV light[J]. Advanced materials research, 2014, 864 - 867: 1546 - 1551.

索　引